广西自然保护区生物多样性

木论种子植物

MULUN ZHONGZI ZHIWU

（上）

主编　黄俞淞　许为斌　孙　瑞　谭卫宁　刘　演

广西科学技术出版社

·南宁·

图书在版编目（CIP）数据

木论种子植物. 上 / 黄俞淞等主编. —南宁：广西科学技术出版社，2023.7

ISBN 978-7-5551-1998-2

Ⅰ. ①广… Ⅱ. ①黄… Ⅲ. ①自然保护区—种子植物—生物多样性—生物资源保护—研究—环江毛南族自治县 Ⅳ. ①S759.992.67 ②Q16

中国国家版本馆CIP数据核字（2023）第125057号

木论种子植物（上）

黄俞淞　许为斌　孙　瑞　谭卫宁　刘　演　主编

策　　划：黎志海
责任编辑：韦秋梅　　封面设计：梁　良
责任印制：韦文印　　责任校对：冯　靖

出 版 人：梁　志
出版发行：广西科学技术出版社　　地　　址：广西南宁市东葛路66号
邮政编码：530023　　网　　址：http://www.gxkjs.com

经　　销：全国各地新华书店
印　　刷：广西民族印刷包装集团有限公司

开　　本：890 mm × 1240 mm　1/16
字　　数：640千字　　印　　张：25.25
版　　次：2023年7月第1版　　印　　次：2023年7月第1次印刷
书　　号：ISBN 978-7-5551-1998-2
定　　价：268.00元

《木论种子植物》（上）
编委会

前言

生物多样性使地球充满生机，是人类生存和发展的基础，也是生态安全和粮食安全的重要保障。保护生物多样性有利于维护地球家园生态平衡，促进人类可持续发展。中国积极推动全球生物多样性保护的治理进程，加快构建以国家公园为主体的自然保护地体系，逐步把自然生态系统最重要、自然景观最独特、自然遗产最精华、生物多样性最富集的区域纳入国家公园体系，为中国乃至全球的生物多样性保护作出重要贡献。

广西自南向北跨越北热带、南亚热带、中亚热带3个气候带，拥有南岭区、桂西黔南石灰岩区、桂西南山地区和南海区等4个中国生物多样性保护优先区域，是中国生物多样性较丰富的省区之一，已建成自然保护地220多个，构建起较为完善的自然保护地体系，保护了90%以上的陆地生态系统类型、44%的红树林湿地、90%的国家重点保护野生动物种类、82%的国家重点保护野生植物种类，生物多样性保护成效显著。由广西、贵州联合创建的西南岩溶国家公园已被列入经国务院批复的《国家公园空间布局方案》，成为国家公园候选区之一。广西木论国家级自然保护区（以下简称“木论保护区”）是创建西南岩溶国家公园的重点规划区。

木论保护区位于广西西北部的环江毛南族自治县，是中国南岭生物多样性保护优先区域以及中国南方喀斯特世界自然遗产地的重要组成部分，是西南岩溶国家公园创建的重点规划区。为全面掌握木论保护区生物资源本底，更好地对生物资源进行科学管理、监测和保护，保障资源的可持续利用，管理部门联合科研院校持续开展生物多样性专项调查，并在生物多样性编目、生物志书编研、重要生物资源评估和监测、生物多样性展览建设、生物多样性信息平台构建等方面均取得丰硕成果。

在植物物种多样性方面，截至2022年，木论保护区共记载维管植物1735种（含种下等级），其中，石松类和蕨类植物218种（中国特有种34种，5种为广西特有），种子植物1517种（中国特有种452种，51种为广西特有），岩溶特有植物262种，国家重点保护野生植物68种（国家一级保护6种，国家二级保护62种），广西重点保护野生植物153种，我国极小种群野生植物4种，受威胁植物108种，列入《濒危野生动植物种国际贸易公约》（CITES）附录植物144种。为系统展示木论保护区独特而丰富的岩溶生物，促进资源的保护与可持续利用，对木论保护区各类生物资源分别编研志书，其中，率先完成调研的种子植物分上、中、下3卷出版。

本卷收录木论保护区裸子植物及部分被子植物523种，其中裸子植物15种，被子植物508种。裸子植物采用郑万钧系统（1978年）排列，被子植物采用哈钦松系统（1926年和1934年）排列。各科的所有属、种均编写检索表，为识别和鉴定物种提供便利。全书文字简练、图片清晰、物种鉴定准确。每种植物附有中文名、别名、科名、属名、拉丁名、简要的形态特征及用途等信息。

木论保护区植物多样性调查研究得到国家自然科学基金（41161011、41661012、32160050）、广西自然科学基金（2014GXNSFAA118111）、西南岩溶国家公园（广西）调查评估和大型真菌考察（桂植转2023-22）等项目的资助，以及广西植物功能物质与资源持续利用重点实验室、广西喀斯特植物保育与恢复生态学重点实验室持续支持。在野外调查和标本鉴定过程中，还得到广西壮族自治区药用植物园、广西壮族自治区中医药研究院、中国科学院华南植物园、中国科学院植物研究所、中国科学院昆明植物研究所等单位的大力支持，在此谨致以衷心的感谢！

本书的出版将为深入研究木论保护区乃至热带亚热带喀斯特植物多样性，推进西南岩溶国家公园的创建，促进生物多样性保护与可持续利用提供科学依据和重要支撑，可供植物学、林学、农学、生态学等科研工作者、高等院校师生及植物爱好者参考使用。对书中错漏之处，敬请读者批评指正。

编著者

2023年5月

目录

云实科 Caesalpiniaceae

蝶形花科 Papilionaceae

松科 Pinaceae

本科约有11属235种，分布于北半球。我国有10属108种；广西有8属28种5变种；木论有3属3种1变种。

分属检索表

1. 叶线形。
   2. 球果直立；种子连翅与种鳞近等长；叶腹面中脉隆起……………………………1. **油杉属** *Keteleeria*
   2. 球果下垂；种子连翅较种鳞短；叶腹面中脉凹下………………………………3. **黄杉属** *Pseudotsuga*
1. 叶针形，通常2针、3针或5针一束 ……………………………………………………………2. **松属** *Pinus*

1. 油杉属 *Keteleeria* Carr.

本属有5种，分布于中国、老挝和越南。我国有5种4变种；广西有4种3变种；木论有1变种。

黄枝油杉　岩杉　石山油杉

Keteleeria davidiana (Bertrand) Beissn. var. *calcarea* (C. Y. Cheng et L. K. Fu) Silba

常绿乔木。树皮纵裂，成片状剥落。一年生枝黄色，冬芽球形。叶条形，在侧枝上排列成2列，两面中脉隆起，背面有白粉，沿中脉两侧各有18~21条气孔线。球果圆柱形，直立，长11~14 cm，直径4~5.5 cm；鳞苞先端3裂，边缘具不规则细齿。种子10~11月成熟。

生于石灰岩山地山坡或路旁；少见。 国家二级重点保护植物；重要的用材植物，亦为优良的造林和绿化树种。

2. 松属 *Pinus* L.

本属有110种，分布于非洲北部、欧洲、亚洲和北美洲。我国有39种；广西有12种；木论有2种。

分种检索表

1. 针叶5针一束，长3.5~7 cm ·································· **华南五针松** *P. kwangtungensis*
1. 针叶2针一束，长12~20 cm ·································· **马尾松** *P. massoniana*

华南五针松　广东松　五针松

Pinus kwangtungensis Chun ex Tsiang

常绿乔木。树皮裂成不规则的鳞状块片。小枝无毛。针叶5针一束。球果单生，熟时淡红褐色。种子椭圆形或倒卵形，连同种翅与种鳞近等长。花期4~5月，种子翌年10月成熟。

生于山脊和山顶；少见。　国家二级重点保护植物；其树脂可入药，用于肌肉酸痛、关节痛；木材可作建筑、枕木、家具等用材。

3. 黄杉属 *Pseudotsuga* Carr.

本属有6种，分布于中国、日本和北美洲西部。我国有5种1变种；广西有2种；木论有1种。

短叶黄杉 米松京 米中鬼 米花科

Pseudotsuga brevifolia W. C. Cheng et L. K. Fu

常绿乔木。树皮纵裂成鳞片状。一年生枝干后红褐色，具较密的短柔毛。叶片条形，长0.7~2 cm，宽2~3.2 mm，背面有2条白色气孔带。球果通常下垂；苞鳞露出部分反伸或斜展，先端3裂。种翅淡红褐色，中部常有短毛。

生于石山向阳山坡或山顶；罕见。 国家二级重点保护植物；优良的石山造林树种。

杉科 Taxodiaceae

本科有9属12种，分布于亚洲、北美洲和塔斯马尼亚岛。我国有8属9种；广西有5属5种；木论有1属1种。

杉木属 *Cunninghamia* R. Br.

本属有2种，分布于中国、老挝和越南北部。木论有栽培1种。

杉木 沙树

Cunninghamia lanceolata (Lamb.) Hook.

常绿乔木。树皮裂成长条片状脱落。小枝近对生或轮生。叶片披针形或条状披针形，通常微弯呈镰状，边缘有细缺齿，背面沿中脉两侧各有1条白粉气孔带。雄球花集成圆锥状；雌球花单生或2~3（4）个集生。球果卵圆形；苞鳞先端有坚硬的刺状尖头。种子两侧边缘有窄翅。花期4月，种子8~11月成熟。

少见，有零星栽培。 重要的用材树种；干燥叶或带叶嫩枝入药，具有祛风止痛、散瘀止血的功效。

柏科 Cupressaceae

本科有19属约125种，全球广泛分布。我国有9属47种；广西有6属11种；木论有3属3种。

分属检索表

1. 种鳞4对；鳞叶长不到2 mm；种子两侧有极窄的翅 ………………………… 1. **柏木属** *Cupressus*
1. 种鳞3对以内；鳞叶通常长于2 mm；种子具膜质翅或上部具2枚不等长的翅。
   2. 种鳞3对，顶端下方有1个短尖头 …………………………………………… 2. **翠柏属** *Calocedrus*
   2. 种鳞2~3对，顶端中部具锥状突起………………………………………… 3. **黄金柏属** *Xanthocyparis*

1. 柏木属 *Cupressus* L.

本属约有17种，分布于亚洲、非洲北部、欧洲南部和北美洲西南部。我国有9种；广西有栽培2种；木论有1种。

柏木　香扁柏

Cupressus funebris Endlicher

常绿乔木。树皮淡褐灰色，裂成窄长条片。小枝细长下垂；生鳞叶的小枝扁，排成平面，两面同形。鳞叶二型，长1~1.5 mm，中央叶的背面有条状腺点，两侧的叶对折，背面有棱脊。雄球花椭圆形或卵圆形；雌球花近球形，直径约3.5 mm。球果圆球形，直径8~12 mm。种鳞4对，顶端不规则五角形或方形，中央有尖头或无。花期3~5月，种子翌年5~6月成熟。

少见，有零星栽培。　木材纹理直、结构细、抗腐、有香味，是优良的用材树种；树冠优美，可作庭园绿化和石灰岩山地的造林树种。

2. 翠柏属 *Calocedrus* Kurz

本属有3种，分布于中国、老挝、缅甸、泰国、越南、墨西哥和美国。我国有2种1变种；广西有2种；木论有1种。

岩生翠柏 岩生肖楠

Calocedrus rupestris Aver., T. H. Nyuyen et P. K. Lôc

常绿乔木。树皮纵裂，片状剥落。鳞叶交叉对生，先端钝状。雌雄同株；雄球花单生枝顶。球果单生或成对生于枝顶，卵形，当年成熟开裂。种子上部具2枚不等大的翅。

生于石山悬崖边、山脊或山顶；常见。国家二级重点保护植物；优良的石山绿化树种；在贵州、广西曾被错误鉴定为翠柏 *C. macrolepis*，直到2011年才被订正。

3. 黄金柏属 *Xanthocyparis* Farjon et Hiep

本属有2种，分布于中国、越南及北美洲。我国有2种，仅产于广西，木论有1种。

广西黄金柏　金柏

Xanthocyparis guangxiensis Yu L. Jiang, Y. S. Huang, Jia L. Li et K. S. Mao

常绿小乔木。树皮条状、鳞片状或纤维状剥落。整个枝条常扁平状。成年树多具鳞状叶，有时存在线形叶或过渡型叶，线形叶4枚轮生，过渡型叶与鳞状叶相似，但较长，披针形。苞鳞在正常发育的球果上通常4枚交叉对生，镊合状至近盾状。种子具膜质翅。

生于石山山脊或山顶；罕见。　极小种群植物，2013年首次发现于木论，原定名为越南黄金柏（*Xanthocyparis vietnamensis*），后经研究发现其为二倍体植物，与四倍体越南黄金柏有差异，为独立物种。

罗汉松科 Podocarpaceae

本科有18属约180种，分布于热带亚热带和温带地区。我国有4属12种；广西有3属6种2变种；木论有1属1种。

罗汉松属 *Podocarpus* L'Hér. ex Pers.

本属约有100种，分布于热带亚热带及南半球温带地区。我国有7种；广西有3种1变种；木论有1种。

百日青 脉叶罗汉松 大叶罗汉松

Podocarpus neriifolius D. Don

常绿乔木。树皮成片状纵裂。叶螺旋状着生，披针形，先端有渐尖的长尖头。雄球花穗状，单生或2~3个簇生。种子卵圆形，熟时肉质假种皮紫红色，种托肉质橙红色。花期5月，种子10~11月成熟。

生于山坡密林中；少见。 国家二级重点保护植物；木材纹理直，结构细密，可作家具、乐器、文具及雕刻等用材；亦可作庭园绿化树；枝叶入药，可用于骨折、骨质增生、关节肿痛等；果实入药，具有益气补中的功效。

三尖杉科 Cephalotaxaceae

本科仅有1属，即三尖杉属 *Cephalotaxus*，有11种，分布于中国、印度、日本、朝鲜、老挝、缅甸、泰国和越南。我国有6种；广西有5种；木论有3种。

分种检索表

1. 叶披针状线形，长5~15 cm，先端具有长尖头，基部楔形或宽楔形………… 三尖杉 *C. fortunei*
1. 叶线形，长2~5 cm，先端具有短尖头，基部圆形、圆截形或圆楔形。
  2. 种子卵圆形、椭圆状卵形或近球形 ……………………………………………… 粗榧 *C. sinensis*
  2. 种子通常微扁，倒卵状椭圆形或倒卵圆形 …………………………… 海南粗榧 *C. hainanensis*

三尖杉

Cephalotaxus fortunei Hook.

常绿乔木。树皮裂成片状脱落。叶排成2列，披针状线形，背面气孔带白色，比绿色边带宽3~5倍。雄球花8~10个聚生成头状，花序梗粗；雌球花的胚珠3~8颗发育成种子，花序梗长1.5~2 cm。种子椭圆状卵形或近圆球形，熟时假种皮紫色或红紫色，顶端有小尖头。花期4月，种子8~10月成熟。

生于山坡疏林中；少见。 木材纹理细致，材质坚实，韧性强，可作建筑、桥梁、舟车、农具、家具及器具等用材；全株可提取多种植物碱入药，对治疗淋巴肉瘤有一定的疗效；种仁可榨油，供工业用。

红豆杉科 Taxaceae

本科有5属21种，除南紫杉属*Austrotaxus*产于南半球外，其余均产于北半球。我国有4属11种；广西有3属5种；木论有2属2种。

分属检索表

1. 叶螺旋状着生，叶内无树脂道；雄球花单生于叶腋，不集成穗状 ………… 1. **红豆杉属** *Taxus*
1. 叶交叉对生，叶内有树脂道；雄球花多数，集成穗状 …………………2. **穗花杉属** *Amentotaxus*

1. 红豆杉属 *Taxus* L.

本属约9种，分布于北半球。我国有4种；广西有2种；木论有1种。

灰岩红豆杉

Taxus calcicola L. M. Gao et Mich. Möller

常绿乔木。小枝绿色、暗绿色或暗棕色。叶片通常直，两边缘近平行，顶端急尖，背面边缘具光泽，中脉在腹面宽约0.2 mm，直达叶尖，在背面无乳头状突起或疏具乳头状突起。

生于石灰岩石山山顶密林或疏林中；罕见。 国家一级重点保护植物；优良的石山绿化和庭园观赏树种；种子油可制肥皂或作润滑油。

2. 穗花杉属 *Amentotaxus* Pilger

本属有5~6种，分布于中国和越南。我国有3种；广西有2种；木论有1种。

云南穗花杉

Amentotaxus yunnanensis H. L. Li

常绿乔木。叶排成2列，条形、椭圆状条形或披针状条形，长3.5~10（15）cm，宽8~15 mm，背面中脉带宽1~2 mm，两侧的气孔带干后褐色或淡黄白色，宽3~4 mm，比绿色边带宽1倍或稍宽。雄球花穗常4~6个，长10~15 cm。种子椭圆形，熟时假种皮红紫色。花期4月，种子10月成熟。

生于石灰岩石山山坡疏林或密林中；罕见。 国家二级重点保护植物；木材纹理均匀，结构细致，可作建筑、家具、农具及雕刻等用材；亦可作庭园绿化树种。

买麻藤科 Gnetaceae

本科仅有1属，即买麻藤属 *Gnetum*，约40种，主要分布于亚洲热带亚热带地区，少数分布于非洲西部和南美洲西北部。我国有9种；广西有7种；木论有1种。

买麻藤 倪藤 麻骨风 麻骨钻

Gnetum montanum Markgr.

大藤本。小枝光滑。叶片矩圆形，稀矩圆状披针形或椭圆形，长10~25 cm，宽4~11 cm。雄球花序一回至二回三出分枝，雄球花序圆柱形；雌球花序侧生于老枝上，单生或数序丛生，雌球花穗成熟时长约10 cm。种子矩圆状卵圆形或矩圆形，熟时黄褐色或红褐色。花期6~7月，种子8~9月成熟。

生于山坡密林中或山谷；少见。茎皮含韧性纤维，可织麻袋、渔网、绳索等；全株入药，具有祛风除湿、活血散瘀、消肿止痛、化痰止咳、行气健胃、接骨的功效。

木兰科 Magnoliaceae

本科有17属300多种，主要分布于亚洲东南部、北美洲东南部及美洲中部，少数种类分布于亚洲马来群岛及南美洲。我国有13属110多种；广西有11属42种；木论有4属4种。

分属检索表

1. 聚合果为离心皮果，常因部分蓇葖不发育而形成疏松的穗状聚合果 ……… 1. 含笑属 *Michelia*
1. 聚合果近球形或卵状球形。
  2. 花单性……………………………………………………………… 2. 焕镛木属 *Woonyoungia*
  2. 花两性。
    3. 每心皮具胚珠4颗或更多 ……………………………………………… 3. 木莲属 *Manglietia*
    3. 每心皮具胚珠2颗 …………………………………………………… 4. 长喙木兰属 *Lirianthe*

1. 含笑属 *Michelia* L.

本属约有70种，分布于温带的中国、印度、斯里兰卡及中南半岛、马来群岛和日本南部。我国约有39种；广西有20种；木论有1种。

狭叶含笑

Michelia angustioblonga Y. W. Law et Y. F. Wu

常绿小乔木。毛被平伏，有光泽。芽密被褐色长柔毛。叶片长6.5~10 cm，宽1.5~2.5 cm，腹面无毛，背面被柔毛；托叶与叶柄离生，叶柄上无托叶痕。花被2轮，每轮3枚，白色，倒披针形；雄蕊长11~15 mm，雌蕊群隐藏于其中；雌蕊群狭椭圆形；心皮被褐色微柔毛。花期4月。

生于石灰岩山顶或山坡密林或疏林中；少见。　花芳香，为优良的庭园绿化和观赏树种。

2. 焕镛木属 *Woonyoungia* Y. W. Law

本属有3种，主要分布于中国南部、柬埔寨及泰国。我国有1种；广西木论亦有。

单性木兰 焕镛木 细蕊木兰

Woonyoungia septentrionalis (Dandy) Y. W. Law

乔木。小枝初被平伏短柔毛。叶片长8~15 cm，宽3.5~6 cm，两面无毛；托叶痕几达叶柄先端。花单性异株；雄花花被片和雄蕊群白色带淡黄色；雌蕊群绿色，具6~9枚雌蕊。聚合果近球形，熟时红色，直径3.5~4 cm，蓇葖背缝全裂，具种子1~2粒。种子熟时外种皮红色，豆形或心形。花期5~6月，果期10~11月。

生于山坡疏林中；少见。 国家一级重点保护植物，我国极小种群植物；树干通直，树形美观，为优良的石山绿化或园林观赏树种。

3. 木莲属 *Manglietia* Bl.

本属约有40种，分布于亚洲热带亚热带地区，以亚热带种类最多。我国约有29种；广西有13种；木论有1种。

香木莲

Manglietia aromatica Dandy

常绿乔木。树皮灰色，光滑。除芽被白色平伏毛外全株无毛，各部揉碎有芳香。叶片倒披针状长圆形、倒披针形；托叶痕长为叶柄的1/4~1/3。花被片白色，11~12枚，4轮排列，每轮3枚；雌蕊群卵球形；心皮无毛。聚合果熟时鲜红色，近球形或卵状球形；成熟蓇葖沿腹缝及背缝开裂。花期5~6月，果期9~10月。

生于山坡或山谷疏林中；罕见。　国家二级重点保护植物；花大而芳香，为优良的石山绿化和庭园观赏树种；叶、花、枝条可提取芳香油。

4. 长喙木兰属 *Lirianthe* Spach

本属约有12种，分布于亚洲东南部。我国有8种；广西有6种；木论有1种。

木论木兰

Lirianthe mulunica (Y. W. Law et Q. W. Zeng) N. H. Xia et C. Y. Wu

常绿小乔木。叶片厚革质，长12~20（30）cm，宽2.5~7 cm，背面被微柔毛。花被片卵状椭圆形，长3~4 cm，宽2.5~3.4 cm，基部密被淡褐色平伏柔毛。成熟聚合果椭圆形，表面具突起的瘤点，顶部具长喙。

生于山坡疏林、密林或灌丛中；少见。木论特有种，2004年正式发表，模式标本采自木论板南；花芳香，为优良的石山绿化和庭园观赏树种。

八角科 Illiciaceae

本科仅有1属，即八角属 *Illicium*，约50种，分布于亚洲东南部及美洲，但主产地为我国西南部至东部。我国有28种；广西有12种；木论有4种。

分种检索表

1. 心皮11~14个。
   2. 乔木；聚合果直径4~4.5 cm，蓇葖11~14个；花梗长18~60 mm ··················大八角 *I. majus*
   2. 灌木；聚合果直径2.5~3 cm，蓇葖9~11个；花梗长12~25 mm ···············地枫皮 *I. difengpi*
1. 心皮7~9个。
   3. 蓇葖多为8个，呈八角形，顶部钝或钝尖 ·······································八角 *I. verum*
   3. 蓇葖7~9个，尖头长3~5 mm ·······································红茴香 *I. henryi*

大八角　神仙果

Illicium majus Hook. f. et Thomson

乔木。叶3~6片排成不整齐的假轮生；叶片先端尖头长8~20 mm。花近顶生或腋生；雄蕊1~2轮；心皮11~14个，稀为9个。聚合果直径4~4.5 cm，蓇葖10~14个，顶部突然变狭成明显钻形尖头。花期4~6月，果期7~10月。

生于山坡或山谷疏林或密林中；少见。果、树皮均有毒；根、树皮入药，具有消肿止痛的功效，外用治风湿骨痛、跌打损伤。

地枫皮 高山龙 短顶香

Illicium difengpi K. I. B. et K. I. M. ex B. N. Chang

灌木。全株均具八角的芳香气味。叶常3~5片聚生或在枝的近顶端簇生；叶片两面密布褐色细小油点。花紫红色或红色；心皮常13个。聚合果直径2.5~3 cm。蓇葖9~11个，顶部常有向内弯曲的尖头。花期4~5月，果期8~10月。

生于石山山顶或山坡；罕见。 国家二级重点保护植物；树皮入药，为广西特产中药材，具有祛风除湿、行气止痛等功效，可用于风湿性关节痛、腰肌劳损等。

五味子科 Schisandraceae

本科有2属50种，分布于亚洲东部、东南部和北美洲南部。我国有2属约30种；广西有2属18种；木论有2属4种1亚种。

分属检索表

1. 常绿木质藤本，芽鳞常早落；每心皮有胚珠2~5颗，结果时花托不伸长；聚合果肉质球状或椭圆状……………… 1. **南五味子属** *Kadsura*
1. 落叶或常绿木质藤本，芽鳞常宿存；每心皮有胚珠2颗；结果时花托伸长；聚合果散生于延长的轴上而呈穗状……………… 2. **五味子属** *Schisandra*

1. 南五味子属 *Kadsura* Kaempf. ex Juss.

本属约有25种，分布于亚洲热带亚热带地区。我国有8种；广西8种均产；木论有4种。

分种检索表

1. 叶纸质或厚纸质，边缘通常具齿，侧脉及网脉均较明显。
  2. 植株无茸毛。
    3. 老茎表面具黄棕色海绵状栓皮……………… **异形南五味子** *K. heteroclita*
    3. 老茎表面无海绵状栓皮……………… **南五味子** *K. longipedunculata*
  2. 小枝、叶柄、叶背面、花梗、果梗均被褐色茸毛 ……………… **毛南五味子** *K. induta*
1. 叶片革质，边缘全缘，侧脉及网脉不明显 ……………… **黑老虎** *K. coccinea*

南五味子　小钻　小钻骨风

Kadsura longipedunculata Finet et Gagnep.

木质藤本。叶片先端渐尖或尖，基部狭楔形或宽楔形，边缘有疏齿，腹面具淡褐色透明腺点，侧脉每边5~7条。花单生于叶腋，雌雄异株；雄花花被片白色或淡黄色，8~17枚；雄蕊群球形；雌花的雌蕊群椭圆形或球形，直径约10 mm。聚合果球形，直径1.5~3.5 cm；小浆果倒卵圆形，长8~14 mm。花期6~9月，果期9~12月。

生于山坡疏林中或溪畔、路旁灌丛中；少见。 根和藤茎入药，具有祛风通络、行气活血、消肿止痛、驱虫等功效；果熟后味甜，可食。

黑老虎 冷饭团 大钻 大钻骨风

Kadsura coccinea (Lem.) A. C. Sm.

木质藤本。全株无毛。叶片长7~18 cm，宽3~8 cm，边缘全缘。花单生于叶腋，稀成对，雌雄异株；雄花花被片红色，10~16枚；雌花花被片与雄花的相似，心皮50~80个。聚合果近球形，熟时红色或暗紫色，直径6~10 cm或更大。种子心形或卵状心形。花期4~7月，果期7~11月。

生于山顶或山坡疏林中；少见。 根、藤茎入药，具有行气活血、消肿止痛的功效；果熟后味甜，可食，入药可用于肺虚久咳、阳痿、带下病。

2. 五味子属 *Schisandra* Michx.

本属约有25种，分布于亚洲东南部和美国东南部。我国有19种；广西有10种；木论有1亚种。

绿叶五味子　过山风　白钻

Schisandra arisanensis Hayata subsp. *viridis* (A. C. Sm.) R. M. K. Saunders

落叶木质藤本。全株无毛。叶片中上部边缘有胼胝质齿尖的粗齿或波状疏齿。雄花花被片黄绿色或绿色，6~8枚；雌蕊群近球形，心皮15~25个。聚合果果梗长3.5~9.5 cm；果托长7~12 cm；成熟心皮红色，排成2行；果皮具黄色腺点。花期4~6月，果期7~9月。

生于山谷或山坡疏林中；少见。　全株入药，煎水洗可用于荨麻疹；鲜叶入药，捣烂外敷或绞汁搽治带状疱疹。

番荔枝科 Annonaceae

本科约有129属2300种，广泛分布于热带亚热带地区，尤以东半球为多。我国有24属120种；广西有16属53种；木论有6属10种。

分属检索表

1. 叶片被柔毛、茸毛或无毛。
   2. 外轮花瓣比内轮花瓣大或等大，与萼片有明显区别。
      3. 果细长，呈念珠状 ……………………………… 2. 假鹰爪属 *Desmos*
      3. 果粗厚，不呈念珠状。
         4. 攀缘灌木。
            5. 花序梗和总果梗弯曲呈钩状……………………… 1. 鹰爪花属 *Artabotrys*
            5. 花序梗和总果梗均伸直……………………… 3. 瓜馥木属 *Fissistigma*
         4. 乔木或直立灌木；成熟心皮不开裂……………………… 5. 暗罗属 *Polyalthia*
   2. 外轮花瓣比内轮花瓣小，与萼片相似 ……………………… 4. 野独活属 *Miliusa*
1. 叶片被星状毛或鳞片……………………………… 6. 紫玉盘属 *Uvaria*

1. 鹰爪花属 *Artabotrys* R. Br. ex Ker

本属约有100种，分布于热带亚热带地区。我国有4种；广西有3种；木论有2种。

分种检索表

1. 叶柄长8~15 mm，被红褐色硬毛；多花 ……………………… 多花鹰爪花 *A. multiflorus*
1. 叶柄长2~5 mm，被疏柔毛；花单生 ……………………… 香港鹰爪花 *A. hongkongensis*

多花鹰爪花

Artabotrys multiflorus C. E. C. Fischer

攀缘灌木。小枝密被柔毛，具皮孔。叶片长10~16.5 cm，宽4~6.5 cm。花多朵；花序梗长1.5~2 cm；花萼卵状三角形，外面密被红褐色柔毛，内面无毛；心皮狭长圆形至披针状长圆形，无毛。花期5~8月，果期7~11月。

生于山坡疏林或密林中；少见。

香港鹰爪花　野鹰爪藤

Artabotrys hongkongensis Hance

攀缘灌木。小枝被黄色粗毛。叶片革质，椭圆状长圆形至长圆形，长6~12 cm，宽2.5~4 cm；侧脉每边8~10条；叶柄长2~5 mm，被疏柔毛。花单生；花梗稍长于钩状的花序梗；萼片三角形；花瓣卵状披针形，基部卵形，凹陷。果椭圆状，长2~3.5 cm，直径1.5~3 cm。花期4~7月，果期5~12月。

生于山坡密林或疏林中；少见。 果实入药，具有清热解毒、散结的功效；全株入药，可用于风湿骨痛；花序梗入药，可用于狂犬咬伤；叶常绿，花芳香，茎枝可攀缘于树上，可作绿化观赏树种。

2. 假鹰爪属 *Desmos* Lour.

本属有30种，分布于亚洲热带亚热带地区和大洋洲。我国有4种；广西有2种；木论有1种。

假鹰爪 鸡爪枫 酒饼叶

Desmos chinensis Lour.

直立或攀缘灌木。全株无毛。叶片长4~13 cm，宽2~5 cm，腹面有光泽，背面粉绿色。花黄白色，单朵与叶对生或互生；外轮花瓣比内轮花瓣大，两面被微柔毛；心皮长圆形，表面被长柔毛。果有梗，念珠状，长2~5 cm。花期夏季至冬季，果期6月至翌年春季。

生于山坡、山谷疏林中或路旁、林缘；常见。 优良的庭园观赏树种；根、叶入药，具有祛风利湿、健脾理气、散瘀止痛、杀虫的功效；民间也有用叶制酒饼。

3. 瓜馥木属 *Fissistigma* Griff.

本属约有75种，分布于非洲热带地区、大洋洲和亚洲热带亚热带地区。我国有23种；广西有15种；木论有3种。

分种检索表

1. 叶片腹面侧脉凹陷……………………………………………………………凹叶瓜馥木 *F. retusum*
1. 叶片腹面侧脉扁平。
   2. 花较小，长约1.5 cm；柱头全缘；每心皮有胚珠6颗 ……………………… 黑风藤 *F. polyanthum*
   2. 花较大，长约2.5 cm；柱头2裂；每心皮有胚珠10颗 ………………………… 瓜馥木 *F. oldhamii*

凹叶瓜馥木　头序瓜馥木

Fissistigma retusum (H. Lev.) Rehder

攀缘灌木。小枝被褐色茸毛。叶片广卵形、倒卵形或倒卵状长圆形，先端圆形或微凹，基部圆形至截形，有时呈浅心形，腹面仅中脉和侧脉被短茸毛，背面被褐色茸毛；侧脉在腹面凹陷、在背面凸起；叶柄长8~15 mm，被短茸毛。花多朵组成团伞花序，花序与叶对生；内轮花瓣比外轮花瓣短，两面无毛。果球形，直径约3 cm，表面被金黄色短茸毛。花期5~11月，果期6~12月。

生于山坡或山谷疏林中；少见。　茎皮含单宁；纤维坚韧，民间有用来编绳索；根、茎入药，可用于小儿麻痹后遗症、风湿骨痛。

瓜馥木 长柄瓜馥木 香藤风 铁钻

Fissistigma oldhamii (Hemsl.) Merr.

攀缘灌木。小枝被黄褐色柔毛。叶片长6~12.5 cm，宽2~5 cm，先端圆形或微凹，腹面无毛，背面被短柔毛。花1~3朵集成密伞花序；心皮外面被长绢质柔毛，每心皮有胚珠约10颗，2列。果球形，直径约1.8 cm，表面密被黄棕色茸毛。花期4~9月，果期7月至翌年2月。

生于山坡或山谷疏林中；常见。 茎皮纤维可编麻绳和造纸；种子油可作工业用油和调制化妆品；根入药，具有祛风活血、镇痛的功效；果熟时味甜，去皮可食。

4. 野独活属 *Miliusa* Lesch. ex A. DC.

本属约有30种，分布于亚洲热带亚热带地区。我国有3种；广西有2种；木论均有。

分种检索表

1. 叶背面、花梗、果梗均无毛或中脉两面及叶背面侧脉被疏微柔毛，后变无毛 ………… **野独活** *M. balansae*
1. 叶背面、花梗、果梗均被短柔毛 ………… **中华野独活** *M. sinensis*

野独活　密榴木

Miliusa balansae Finet et Gagnepain

灌木。小枝略被伏贴短柔毛。叶片长7~15 cm，宽2.5~4.5 cm，通常无毛。花红色，单生于叶腋内；花梗细丝状，长4~6.5 cm，无毛；心皮弯月形，每心皮有胚珠2~3颗。果球形，直径7~8 mm，内有种子1~3粒。花期4~7月，果期7月至翌年春季。

生于路旁、林缘、山坡疏林或密林中；常见。　根入药，可用于胃脘疼痛、肾虚腰痛。

5. 暗罗属 *Polyalthia* Blume

本属约有120种，分布于东半球热带亚热带地区。我国有17种；广西有5种；木论有1种，还有待进一步研究确定，在此暂不予描述。

6. 紫玉盘属 *Uvaria* L.

本属约有150种，分布于全球热带亚热带地区。我国有10种；广西有6种；木论有1种。

紫玉盘 那大紫玉盘

Uvaria macrophylla Roxb.

攀缘灌木。幼枝、幼叶、叶柄、花梗、苞片、萼片、花瓣、心皮和果均被黄色星状柔毛。叶片长10~23 cm，宽5~11 cm，基部近心形或圆形。花1~2朵，与叶对生，暗紫红色或淡红褐色；心皮长圆形或线形。果卵圆形或短圆柱形，长1~2 cm，直径约1 cm，熟时暗紫褐色，顶部有短尖头。花期3~8月，果期7月至翌年3月。

生于山坡或路旁疏林中；少见。 茎皮纤维可编织绳索或麻袋；根入药，可用于风湿、跌打损伤、腰腿痛等；叶入药，可消肿止痛，兽医用于治牛胃膨胀。

11. 樟科 Lauraceae

本科有45属2000~2500种，分布于热带地区，但有些种分布到亚热带地区甚至暖温带地区。我国约有20属（其中鳄梨属 *Persea* 和月桂属 *Laurus* 为引种栽培）445种；广西有10属227种；木论有9属52种5变种。

分属检索表

1. 花序圆锥状或总状，疏散，有花序梗，少为丛生，其下无总苞或总苞开花前已脱落。
  2. 花药4室。
    3. 花被裂片在果期全部或部分脱落。
      4. 苞片大，叶状；枝、叶及木材的香气不为樟脑味；叶片具羽状脉，背面和脉腋无腺窝 ………………………………………………………………… 1. **黄肉楠属** *Actinodaphne*
      4. 苞片小，不为叶状；枝、叶及木材常具浓郁的樟脑味；叶片具三出脉或羽状脉，背面和脉腋常有腺窝 ………………………………………………………………… 3. **樟属** *Cinnamomum*
    3. 花被裂片在果期全部宿存。
      5. 花被裂片在开花后不增厚，明显反卷 ……………………………………… 7. **润楠属** *Machilus*
      5. 花被裂片在开花后变革质以至木质，不反卷 ………………………………… 9. **楠属** *Phoebe*
  2. 花药2室。
    6. 果不被花被管包裹；叶通常近对生，具羽状脉，网脉常明显，构成蜂窝状 ……………… ………………………………………………………………… 2. **琼楠属** *Beilschmiedia*
    6. 果被增大的花被管包裹，顶部具1个小孔，表面有纵纹；叶互生，具三出脉或羽状脉，网脉不明显或稍明显 ………………………………………………………… 4. **厚壳桂属** *Cryptocarya*
1. 花序假伞形或丛生，少为单生或总状至圆锥状，开花时其下具总苞。
  7. 花药2室，发育雄蕊9枚，3轮；叶片具羽状脉，离基三出脉或三出脉 …… 5. **山胡椒属** *Lindera*
  7. 花药4室。
    8. 花为3基数；叶片通常具羽状脉 …………………………………………… 6. **木姜子属** *Litsea*
    8. 花为2基数；叶片通常具离基三出脉 ………………………………… 8. **新木姜子属** *Neolitsea*

1. 黄肉楠属 *Actinodaphne* Nees

本属约有100种，分布于亚洲热带亚热带地区。我国有19种；广西有6种，木论有2种。

分种检索表

1. 小枝无宿存芽鳞；叶柄短，长5~8 mm ……………………………… **红果黄肉楠** *A. cupularis*
1. 小枝具宿存芽鳞；叶柄较长，可达2 cm …………………………………… **毛尖树** *A. forrestii*

红果黄肉楠

Actinodaphne cupularis (Hemsl.) Gamble

灌木或小乔木。叶通常5~6片簇生于枝端成轮生状；叶片长5.5~13.5 cm，宽1.5~2.7 cm，腹面绿色，有光泽，无毛，背面有灰色或灰褐色短柔毛。伞形花序单生或数个簇生于枝侧；苞片5~6枚，外面被锈色丝状短柔毛；发育雄蕊9枚，第三轮基部两侧的2个腺体具柄；子房椭圆形，无毛。果卵形或卵圆形，无毛，熟时红色，着生于杯状果托上。花期10~11月，果期8~9月。

生于山坡疏林或密林中；常见。 种子含油脂，榨油可作制肥皂及机器润滑等用；根、叶辛凉，具有解毒消炎的功效，民间外用治脚癣、烧烫伤及痔疮等。

2. 琼楠属 *Beilschmiedia* Nees

本属约有200种，主要分布于非洲热带地区、亚洲东南部、大洋洲和美洲。我国有35种；广西有20种；木论有4种。

分种检索表

1. 顶芽被毛…………………………………………………………………………… 美脉琼楠 *B. delicata*
1. 顶芽无毛。
  2. 果小，长不及2 cm ……………………………………………………………卵果琼楠 *B. ovoidea*
  2. 果较大，长2.5 cm以上。
    3. 果梗纤细，直径约1.5 mm；叶片先端尾状长渐尖，微弯 ……… 贵州琼楠 *B. kweichowensis*
    3. 果梗粗壮，直径4~6 mm；叶片先端钝或短渐尖 ………………………… 粗壮琼楠 *B. robusta*

美脉琼楠

Beilschmiedia delicata S. Lee et Y. T. Wei

灌木或乔木。树皮灰白色或灰褐色。顶芽密被灰黄色短柔毛或茸毛。叶互生或近对生；叶片长7~12 cm，宽2~4 cm。聚伞状圆锥花序腋生或顶生，长3~6 cm，花序轴及其各部分均被短柔毛；花淡黄绿色；花被裂片被短柔毛；花丝被短柔毛；退化雄蕊3枚，肾形。果熟后黑色，表面密被明显的瘤状小凸点。花果期6~12月。

生于山坡或路旁疏林中；少见。　木材坚硬，可作建筑、车辆、家具等用材。

卵果琼楠

Beilschmiedia ovoidea F. N. Wei

常绿乔木。小枝略具纵棱，芽无毛。叶近对生；叶片长9~13.5 cm，宽2~3.5 cm，两面光亮，侧脉在边缘网结。果序长约4 cm；果卵状长圆形，长约1.8 cm，直径约1.4 cm。果期9月。

生于石灰岩石山山坡；少见。木论特有种，发表于1995年，模式标本采自外峒；木材坚硬，可作建筑、车辆、家具等用材；优良的石山绿化树种。

3. 樟属 *Cinnamomum* Schaeff.

本属约有250种，分布于亚洲热带地区、澳大利亚至太平洋岛屿和美洲热带地区。我国约有46种；广西有28种；木论有10种。

分种检索表

1. 叶片具羽状脉。
  2. 叶片先端具长达2.5 cm的尾尖；叶柄密被柔毛 ………………………… 尾叶樟 *C. foveolatum*
  2. 叶片先端急尖或短渐尖；叶柄无毛或幼时被黄褐色柔毛，老时变无毛。
    3. 叶片侧脉脉腋有明显腺体。
      4. 叶片干时腹面黄绿色、背面黄褐色，背面仅侧脉脉腋有毛；圆锥花序顶生或间有腋生，长2~5 cm，近无毛或仅花序轴基部被短柔毛 ……………………… 沉水樟 *C. micranthum*
      4. 叶片干时腹面不为黄绿色，背面不为黄褐色；圆锥花序腋生，长4~10 cm，各级序轴均无毛………………………………………………………………… 云南樟 *C. glanduliferum*
    3. 叶片侧脉脉腋无明显腺体。
      5. 侧脉每边4~5条，细脉网状，不呈蜂巢状；叶柄长1.5~3 cm …… 黄樟 *C. parthenoxylon*
      5. 侧脉每边5~7条，细脉网结状，两面呈蜂巢状小窝穴；叶柄长0.5~1.5 cm………………………………………………………………………………………岩樟 *C. saxatile*
1. 叶片具三出脉或离基三出脉。
  6. 叶片侧脉脉腋有腺体…………………………………………………………………樟 *C. camphora*
  6. 叶片侧脉脉腋无腺体。
    7. 成叶背面密被毛……………………………………………………………… 毛桂 *C. appelianum*
    7. 成叶背面无毛。
      8. 幼枝密被灰白色微柔毛；中脉及侧脉在叶片腹面平坦或微凹…… 屏边桂 *C. pingbienense*
      8. 幼枝无毛或近无毛；中脉及侧脉在两面突起。
        9. 圆锥花序多花；叶片长7~15 cm………………………………………… 川桂 *C. wilsonii*
        9. 聚伞花序少花（1~5朵）；叶片长5 cm以下 ……………………… 少花桂 *C. pauciflorum*

沉水樟

Cinnamomum micranthum (Hayata) Hayata

乔木。叶互生；叶片基部两侧常多少不对称，具羽状脉，侧脉每边4~5条，侧脉脉腋在腹面隆起，背面具小腺窝，窝穴有微柔毛。圆锥花序顶生或腋生，长3~5 cm；花白色或紫红色。果椭圆形，长1.5~2.2 cm，直径1.5~2 cm，表面无毛；果托壶形，自直径约2 mm的圆柱体基部向上骤然喇叭状增大。花期7~10月，果期10月。

生于山坡疏林中；少见。　广西重点保护植物；挥发油含有松油醇、葵醛、十五烷醛；樟油及樟脑可供药用；木材可作建筑、家具等用材。

岩樟　硬叶樟　石山樟

Cinnamomum saxatile H. W. Li

乔木。幼枝明显压扁状，具棱角，被淡褐色微柔毛。叶互生；叶片长5~13 cm，宽2~5 cm，基部两侧常不对称，具羽状脉，中脉直贯叶先端，侧脉每边5~7条，细脉网结状，两面呈蜂巢状小窝穴；叶柄长0.5~1.5 cm，幼时被黄褐色柔毛，老时变无毛。圆锥花序近顶生，长3~6 cm，具花6~15朵。果卵球形，长约1.5 cm，直径约9 mm；果托浅杯状，顶部全缘。花期4~5月，果期10月。

生于山坡、山顶疏林或密林中；少见。　岩溶地区特有植物，为优良的石山中下部绿化树种；木材可作建筑、家具等用材。

樟 樟树 香樟

Cinnamomum camphora (L.) J. Presl

常绿大乔木。枝、叶及木材均有樟脑气味。叶互生；叶片两面无毛或背面幼时略被微柔毛，具离基三出脉，侧脉及支脉脉腋在腹面明显隆起，在背面有明显腺窝，窝内常被柔毛。圆锥花序腋生，长3.5~7 cm；花绿白色或带黄色。果卵球形或近球形，熟时紫黑色；果托杯状，顶部截平。花期4~5月，果期8~11月。

生于山坡疏林中或路旁；少见。 优良的绿化和行道树种；全株入药，具有祛风湿、行血气、利关节、止痛的功效；提制的结晶（樟脑）入药，具有祛风散寒、强心镇痉、杀虫等功效。

毛桂 山桂皮 三脉桂

Cinnamomum appelianum Schewe

小乔木。分枝对生；当年生枝密被污黄色硬毛状茸毛。叶互生或近对生；叶片背面密被皱波状污黄色柔毛，具离基三出脉，侧脉自叶基1~3 mm处发出。圆锥花序生于当年生枝条基部叶腋内；花被片两面被黄褐色绢状微柔毛或柔毛。未成熟果椭圆形，长约6 mm，宽约4 mm；果托增大，漏斗状，顶部具齿裂。花期4~6月，果期6~8月。

生于山顶或山坡疏林中；少见。 树皮可代替肉桂入药，具有理气止痛的功效；木材可作造纸糊料。

4. 厚壳桂属 *Cryptocarya* R. Br.

本属有200~250种，分布于热带亚热带地区，主要分布于马来西亚、澳大利亚及中美洲的智利。我国有19种；广西有12种；木论有1种。

小果厚壳桂

Cryptocarya austrokweichouensis X. H. Song

乔木。叶互生；叶片长5~14 cm，宽2.5~5.5 cm，基部两侧常不对称，两面无毛，侧脉每边3~7条；叶柄长1~2 cm，无毛。圆锥花序近总状，腋生及顶生，通常较叶长；花淡绿黄色；花梗纤细，被短柔毛。果长椭圆形，熟时黑色，无毛。

生于山坡疏林或山谷密林中；常见。　木材可作建筑、家具、农具等用材。

5. 山胡椒属 *Lindera* Thunb.

本属约有100种，分布于亚洲及北美洲温热带地区。我国有42种；广西有26种；木论有4种1变种。

分种检索表

1. 叶片具羽状脉。
   2. 花序、果序无梗或具极短的梗。
      3. 幼枝、叶背、叶柄密被锈色柔毛或茸毛；侧脉与叶面相平或多少下凹 ………………………………………… **茸毛山胡椒** *L. nacusua*
         4. 叶片椭圆形，先端短尖，干后带褐色，腹面呈极微小的蜂窝状小窝穴；叶柄长5~10 mm ………… **香叶树** *L. communis*
         4. 叶片阔椭圆形或倒卵形，先端钝至短尖，干后苍白色，腹面无蜂窝状小窝穴，叶柄长约2 mm ………… **山胡椒** *L. glauca*
      3. 幼枝、叶背、叶柄被灰色至灰褐色细毛或近无毛，侧脉与叶面相平或微凸。
   2. 花序、果序具明显的梗；枝、叶无毛，叶常簇生枝端 ………… **黑壳楠** *L. megaphylla*
1. 叶片具三出脉；花序、果序无梗或具极短的梗；叶片椭圆形或长圆形，长6~12 cm，宽2.5~5 cm；幼枝密被绢毛，后变无毛 ………… **川钓樟** *L. pulcherrima* var. *hemsleyana*

绒毛山胡椒

Lindera nacusua (D. Don) Merr.

常绿灌木或小乔木。叶互生；叶片长6~15 cm，宽3~7.5 cm，腹面中脉有时略被黄褐色柔毛，背面密被黄褐色长柔毛，侧脉每边6~8条；叶柄粗壮，密被黄褐色柔毛。伞形花序单生或2~4个簇生于叶腋，具总苞片和长2~3 mm的短花序梗。果近球形，熟时红色。花期5~6月，果期7~10月。

生于山坡疏林或山谷平地；少见。　木材可作家具、细木工等用材。

香叶树

Lindera communis Hemsl.

常绿灌木或小乔木。叶互生；叶片长3~12.5 cm，宽1~4.5 cm，腹面无毛，背面被黄褐色柔毛，后渐脱落成疏柔毛或无毛，具羽状脉，侧脉每边5~7条。伞形花序具花5~8朵，单生或2个同生于叶腋；雄花黄色；雌花黄色或黄白色；退化雄蕊9枚，第三轮有2个腺体。果卵形，长约1 cm，无毛，熟时红色；果梗被黄褐色微柔毛。花期3~4月，果期9~10月。

生于路旁、山坡、山谷疏林或密林；常见。果皮可提芳香油供制香料；枝叶入药，民间用于跌打损伤及牛马癣疥等；研粉可做熏香；木材可作家具、细木工等用材。

山胡椒 见风消 牛筋树 假死风

Lindera glauca (Sieb. et Zucc.) Blume

落叶灌木或小乔木。叶互生；叶片背面被白色柔毛，具羽状脉。伞形花序腋生；雄蕊9枚，近等长，第三轮的基部着生2个具角突的宽肾形腺体，花梗长约1.2 cm，密被白色柔毛；雌花花被片黄色，内、外轮几相等，花梗长3~6 mm。果熟时黑褐色；果梗长1~1.5 cm。花期3~4月，果期7~8月。

生于山坡疏林中或林缘；少见。 叶、果皮可提芳香油；全株入药，具有祛风活络、消肿解毒、止血止痛的功效；根可用于劳伤脱力、肢体酸麻、水湿浮肿、风湿性关节炎、跌打损伤等；果可治胃痛。

6. 木姜子属 *Litsea* Lam.

本属约有200种，分布于亚洲热带亚热带地区及美洲。我国有74种；广西有37种；木论有10种3变种。

分种检索表

1. 果小，直径3~5 mm，无明显环状果托。
  2. 叶片小，宽1.4~2.5 cm，背面无毛……………………………………………… 山鸡椒 *L. cubeba*
  2. 叶片较大，宽3~5 cm，背面密被白柔毛 …………………………………… **毛叶木姜子** *L. mollis*
1. 果较大，直径6~23 mm，通常有明显的环状或盘状果托。
  3. 叶片较短，通常长2~5.5 cm ……………………… 圆叶豺皮樟 *L. rotundifolia* var. *oblongifolia*
  3. 叶片较长，通常长5.5~24 cm。
    4. 叶片幼时明显被毛。
      5. 叶片较狭小，宽多在3 cm以内，背面密被毛 ………………………………………………
      ……………………………………………… **近轮叶木姜子** *L. elongata* var. *subverticillata*
      5. 叶片较宽大，宽多在3 cm以上。
        6. 果球形……………………………………………毛黄椿木姜子 *L. variabilis* var. *oblonga*
        6. 果长卵形、长圆形或近球形。
          7. 嫩枝密被灰白色柔毛。
            8. 乔木；叶片倒卵形；果梗长6~7 mm ………………………绒叶木姜子 *L. wilsonii*
            8. 灌木或小乔木；叶片倒披针形至椭圆形；果梗长2~5 mm ………………………
            ……………………………………………………… 灰背木姜子 *L. dorsalicana*
          7. 枝、叶背面均密被黄褐色或锈色柔毛或茸毛。
            9. 叶片先端圆、平截或钝 ………………………………… 假柿木姜子 *L. monopetala*
            9. 叶片先端短尖或渐尖。
              10. 灌木；叶柄长2~4 mm；叶对生或间有互生 ………… 剑叶木姜子 *L. lancifolia*
              10. 乔木；叶柄长8 mm以上；叶互生 …………………… 黄丹木姜子 *L. elongata*
    4. 叶片幼时背面无毛或仅沿脉上被毛。
      11. 叶互生。
        12. 小枝黄褐色，密被黄褐色短柔毛 ……………………………… 红楠刨 *L. kwangsiensis*
        12. 小枝红褐色，无毛 …………………………………………… 桂北木姜子 *L. subcoriacea*
      11. 叶对生或近对生，也兼有互生 ……………………………………… 黄椿木姜子 *L. variabilis*

山鸡椒　山苍子　豆豉姜

Litsea cubeba (Lour.) Per.

落叶灌木或小乔木。小枝无毛。叶互生；叶片长4~11 cm，宽1.1~2.4 cm，两面均无毛，具羽状脉，侧脉每边6~10条；叶柄无毛。伞形花序单生或簇生，每花序有花4~6朵。果近球形，无毛，熟时黑色。花期2~3月，果期7~8月。

生于山坡林缘或灌丛中；少见。

花、叶和果皮均是提制柠檬醛的原料；全株入药，具有祛风散寒、消肿止痛的功效，可用于胃痛呕吐及无名肿痛等。

圆叶豺皮樟

Litsea rotundifolia Hemsl. var. *oblongifolia* (Nees) C. K. Allen

灌木或小乔木。叶片卵状长圆形至倒卵状长圆形，长3~7 cm，宽1.5~2.5 cm。果近球形，直径4~6 cm，无果梗。花期6~7月，果期9~11月。

生于山坡、山顶疏林或密林中；常见。 根入药，具有祛风除湿、行气止痛、活络通血的功效。

绒叶木姜子

Litsea wilsonii Gamble

常绿乔木。小枝褐色，具灰白色茸毛。叶互生；叶片倒卵形，长5.5~18 cm，宽3~9 cm，背面黄褐色，有灰白色茸毛，具羽状脉，侧脉每边6~10条；叶柄长1~3.5 cm，被灰白色茸毛，后毛渐脱落变无毛。伞形花序单生或2~3个集生于叶腋长2~3 mm的花序梗上。果椭圆形，长约1.3 cm，直径7~8 mm，熟时由红色变深紫黑色。花期8~9月，果期5~6月。

生于山谷密林中；少见。 木材可作家具、建筑等用材。

毛黄椿木姜子

Litsea variabilis Hemsl. var. *oblonga* Lecomte

灌木或小乔木。小枝、叶柄和叶背面均密被灰黄色贴伏柔毛。叶片椭圆形或长圆形，长7~14 cm，宽2.5~4.5 cm，背面粉绿色，网脉不明显。果球形。果期8~11月。

生于路旁、山坡、山谷疏林或密林中；常见。　木材可作家具、细木工等用材。

灰背木姜子

Litsea dorsalicana M. Q. Han et Y. S. Huang

常绿灌木或小乔木。小枝灰白色，密被灰白色柔毛。叶互生；叶片倒披针形至椭圆形，长12~29 cm，宽2.7~10.5 cm，背面被短柔毛，具羽状脉，侧脉每边8~15条；叶柄长0.6~3.3 cm。果长圆形，长11~19 mm，直径6~11 mm，熟时红色。花期7~11月，果期3~5月。

生于石灰岩石山山坡密林中；少见。　木论特有种，2013年正式发表，模式标本采自木论中论。

假柿木姜子

Litsea monopetala (Roxb.) Pers.

常绿乔木。小枝淡绿色，密被锈色短柔毛。叶互生；叶片长8~20 cm，宽4~12 cm，背面密被锈色短柔毛，具羽状脉，侧脉每边8~12条；叶柄密被锈色短柔毛。伞形花序簇生于叶腋，有花4~6朵或更多；花序梗极短。果长卵形。花期11月至翌年5月，果期6~7月。

生于山坡或山谷疏林中；常见。木材可作家具等用材；种子油可供工业用；叶外敷可用于关节脱臼；亦为紫胶虫的寄主植物。

黄丹木姜子　黄壳楠

Litsea elongata (Wall. ex Nees) Hook. f.

常绿小乔木或乔木。小枝黄褐色至灰褐色，密被褐色茸毛。叶互生；叶片腹面无毛，背面被短柔毛，具羽状脉；叶柄长1~2.5 cm，密被褐色茸毛。伞形花序单生，少簇生。果长圆形，长11~13 mm，直径7~8 mm，熟时黑紫色。花期5~11月，果期2~6月。

生于山坡或山顶疏林；常见。　根入药，具有祛风除湿的功效；木材可作建筑、造船、车辆、家具等用材；种子油供工业用。

红楠刨

Litsea kwangsiensis Yen C. Yang et P. H. Huang

常绿乔木。小枝黄褐色，密被黄褐色短柔毛。叶互生；叶片两面均无毛，具羽状脉，侧脉每边8~12条；叶柄长1~2 cm。伞形花序1~3个生于枝梢叶腋短花序梗上；花序梗被黄褐色短柔毛。果椭圆形；果梗被灰黄色短柔毛。花期8~9月，果期2~3月。

生于山坡疏林或密林中；少见。　广西特有种；木材黄色，细致，有光泽，可作上等家具用材或椽材。

7. 润楠属 *Machilus* Nees

本属约有100种，分布于亚洲东南部和东部的热带亚热带地区。我国约有82种；广西有45种；木论有12种。

分种检索表

1. 花被裂片外面无毛。
  2. 果较小，直径不到1.5 cm。
    3. 圆锥花序长5 cm以下；花被裂片在果期脱离 ………………………… 灰岩润楠 *M. calcicola*
    3. 圆锥花序长6 cm以上。
      4. 叶片披针形至倒披针形，先端长渐尖 ………………………………狭叶润楠 *M. rehderi*
      4. 叶片长椭圆形，先端钝或钝渐尖 …………………………… 川黔润楠 *M. chuanchienensis*
  2. 果较大，直径大于2 cm。
  5. 侧脉每边20条以上；果直径2.5~8 cm …………………………………… 多脉润楠 *M. multinervia*
  5. 侧脉每边10~12条；果直径约2.2 cm ……………………………… 黔桂润楠 *M. chienkweiensis*
1. 花被裂片外面被毛。
    6. 花被裂片外面被茸毛……………………………………………………… 茸毛润楠 *M. velutina*
    6. 花被裂片外面被柔毛或绢毛。
      7. 果小，直径在1.2 cm以下。
        8. 圆锥花序生于当年生枝下端。
          9. 小枝或嫩枝被毛。
            10. 叶片背面无毛；侧脉每边6~8条 ……………………… 安顺润楠 *M. cavaleriei*
            10. 叶片背面有贴伏小柔毛；侧脉每边10~12条 ……… 广东润楠 *M. kwangtungensis*
          9. 小枝无毛或仅基部具小柔毛。
              11. 顶芽大，直径0.8~2 cm，芽鳞外面密被绢毛；叶片长14~32 cm，宽3.5~8 cm
              ………………………………………………………………… 薄叶润楠 *M. leptophylla*
              11. 顶芽较小，鳞片密被棕色或黄棕色小柔毛；叶片长7~17 cm，宽2~5 cm
              ……………………………………………………………………刨花润楠 *M. pauhoi*
        8. 圆锥花序顶生或近顶生……………………………………………… 黄枝润楠 *M. versicolora*
      7. 果大，直径可达4 cm ……………………………………………… 枇杷叶润楠 *M. bonii*

灰岩润楠

Machilus calcicola C. J. Qi

小乔木。小枝红棕色，无毛。顶芽卵球形，芽鳞红棕色、被绢毛。叶片光亮，倒卵状长圆形或长圆状椭圆形，两面无毛，基部楔形，先端渐尖或短骤尖，侧脉9~11对；叶柄长1.2~2 cm，无毛。圆锥花序长3~4 cm，无毛；花绿白色；花被裂片长圆形，外面无毛。果圆形，表面稍被粉质。花期3~5月。

生于石灰岩石山山坡疏林或密林中；少见。　枝叶浓郁，宜作石灰岩石山绿化树种。

狭叶润楠

Machilus rehderi C. K. Allen

小乔木。枝无毛，紫黑色。叶聚生于小枝上部；叶片长7~14.5 cm，宽1.5~3 cm，两面无毛，侧脉每边7~9条，呈45° 角分出；叶柄长1.5~2 cm，无毛。花序为圆锥花序，长10~11 cm，无毛。果球形，直径7~8 mm，无毛，顶部有小突尖，基部有反曲的宿存花被。花期4月，果期7月。

生于山谷或溪畔疏林或灌丛中；少见。　优良的河沿护堤树种。

多脉润楠

Machilus multinervia Liou

乔木。小枝无毛，基部具5~6轮芽鳞痕。叶片狭椭圆形至倒披针形，长12~19 cm，宽2~3.2 cm，基部渐狭并下延至叶柄上，革质，腹面平滑，背面稍带白粉，疏被平贴伏柔毛，侧脉纤弱，每边22~23条，小脉纤细，结成密网状；叶柄粗壮，长1~2 cm。圆锥花序8~10个生于当年生枝上部，长达11 cm，无毛，带红色；花黄白色。果序长11~13 cm；果近球形，直径2.5~3 cm。果期9~10月。

生于石灰岩山地山坡或山顶林中；少见。

绒毛润楠　猴高铁　香胶木　野枇杷

Machilus velutina Champ. ex Benth.

乔木。枝、芽、叶背面和花序均密被锈色茸毛。叶片先端渐狭或短渐尖，基部楔形，中脉在腹面稍凹下，在背面明显凸起，侧脉每边8~11条，在背面明显凸起。花序单独顶生或数个密集在小枝顶端，近无梗，分枝多而短，近似团伞花序；花黄绿色，有香味，被锈色茸毛；子房淡红色。果球形，熟时紫红色。花期10~12月，果期2~3月。

生于山坡疏林或林缘；少见。　材质坚硬，耐水湿，可作家具和薪炭等用材；根、叶入药，具有化痰止咳、消肿止痛、收敛止血的功效。

安顺润楠

Machilus cavaleriei H. Lév.

灌木和小乔木。叶生于小枝顶端；叶片倒卵形或长倒卵形，长5~10.5 cm，宽2~4 cm，腹面稍光亮，无毛，背面稍带粉绿色，但嫩叶两面有小柔毛，侧脉每边6~8条。圆锥花序生嫩枝下端，长3.8~7 cm，具灰白色小柔毛。果嫩时球形；总梗带红色。花期4~5月。

生于石灰岩石山山坡或山顶；少见。　岩溶特有植物，可作石山绿化树种。

8. 新木姜子属 *Neolitsea* Merr.

本属约有85种，分布于中国、印度、马来西亚至日本。我国有40多种；广西有26种；木论有4种。

分种检索表

1. 叶具羽状脉，通常6~8片聚生枝端呈假轮生状；幼枝被灰褐色短柔毛；果椭圆形，果托不残留花被片……………………………………………………………… **簇叶新木姜子** *N. confertifolia*
1. 叶具离基三出脉，背面被毛。
  2. 叶背面被柔毛或茸毛，非绢丝状柔毛，叶脉在叶腹面突起。
    3. 叶片较小，长12 cm以下；幼枝及叶背面密被锈黄色茸毛，后渐脱落；叶柄较粗壮，长约5 mm ……………………………………………………………… **湘桂新木姜子** *N. hsiangkweiensis*
    3. 叶片较大，长15 cm以上；幼枝及叶背面密被锈黄色柔毛，后渐脱落；叶柄长1.5~2 cm ……………………………………………………………………… **大叶新木姜子** *N. levinei*
  2. 叶背面密被金黄色绢丝状柔毛，叶革质；小枝粗壮；果梗较粗 ………… **新木姜子** *N. aurata*

大叶新木姜子　假肉桂　野桂皮　野油桂

Neolitsea levinei Merr.

乔木。小枝圆锥形，幼时密被黄褐色柔毛。叶轮生，4~5片一轮；叶片腹面无毛，背面带绿苍白色，幼时密被黄褐色长柔毛，具离基三出脉，侧脉每边3~4条；叶柄长1.5~2 cm，密被黄褐色柔毛。伞形花序数个生于枝侧，具花序梗。果椭圆形或球形，熟时黑色。花期3~4月，果期8~10月。

生于山谷密林中；少见。　根入药，可用于带下病、跌打损伤、痈肿疮毒；果实入药，具有祛风散寒的功效，可用于胃寒痛；木材可作家具、建筑等用材。

新木姜子

Neolitsea aurata (Hay.) Koidz.

乔木。幼枝黄褐色或红褐色，有锈色短柔毛。叶互生或聚生于枝顶呈轮生状；叶片长圆形、椭圆形至长圆状披针形或长圆状倒卵形，长8~14 cm，宽2.5~4 cm，先端镰状渐尖或渐尖，基部楔形或近圆形，革质，腹面无毛，背面密被金黄色绢毛，但有些个体具棕红色绢状毛，具离基三出脉，侧脉每边3~4条，最下一对离叶基2~3 mm处发出。伞形花序3~5个簇生于枝顶或节间；花被裂片4枚，外面中肋有锈色柔毛，内面无毛。果椭圆形，长约8 mm。花期2~3月，果期9~10月。

生于山坡林缘或杂木林中；少见。 根入药，用于气痛、水肿、胃脘胀痛等。

9. 楠属 *Phoebe* Nees

本属约有100种，分布于亚洲热带亚热带地区。我国有35种；广西有14种；木论有5种1变种。

分种检索表

1. 果球形；宿存花被裂片张开，不紧贴于果的基部 ······························ 桂楠 *P. kwangsiensis*
1. 果卵形、椭圆形或长圆形；宿存花被裂片紧贴于果的基部。
  2. 中脉在叶片腹面突起·· 石山楠 *P. calcarea*
  2. 中脉在叶片腹面下陷，至少下半部下陷。
    3. 花序无毛或近于无毛·· 粗柄楠 *P. crassipedicella*
    3. 花序明显被毛，毛被各式。
      4. 叶片狭披针形、披针形或倒披针形，较窄，宽1~2 cm ···
      ··· 兴义白楠 *P. neurantha* var. *cavaleriei*
      4. 叶片倒卵形、椭圆状倒卵形或阔倒披针形，较宽，宽3.5~9 cm。
        5. 老叶背面、小枝、花序及果梗通常密被长柔毛或茸毛 ······················紫楠 *P. sheareri*
        5. 老叶背面中脉和果梗近于无毛或疏被短柔毛································台楠 *P. formosana*

台楠

Phoebe formosana (Matsum. et Hayata) Hayata

大乔木。小枝被灰褐色短柔毛。叶片长9~20 cm，宽4~8 cm，腹面无毛，老叶背面被灰白色短柔毛，少为近无毛，侧脉每边7~10条；叶柄长约2 cm，有短柔毛。花序腋生或近顶生，长7~16 cm，被柔毛；子房球形，柱头帽状。果卵形或卵状椭圆形，长8~9 mm。花期5月，果期10月。

生于山坡疏林；少见。　木材供建筑、家具、薪炭等用。

桂楠

Phoebe kwangsiensis H. Liou

小乔木。小枝被柔毛。叶片干时变黑色，长9~21 cm，宽2~4 cm，腹面无毛或沿中脉有柔毛，背面被灰褐色柔毛，侧脉每边10~13条；叶柄长6~15 mm，较粗且被毛。聚伞状圆锥花序极纤细，长13~18 cm；花序梗长10~12 cm，被疏柔毛；子房近卵形，柱头盘状。花期6月。

生于山坡或山谷灌丛中、路旁或溪旁；少见。 岩溶特有植物，可作为石山绿化树种。

石山楠

Phoebe calcarea S. Lee et F. N. Wei

常绿乔木。叶片长11~22 cm，宽2.8~5.5 cm，先端呈镰状弯曲，两面无毛，侧脉每边8~12条；叶柄长1.1~2.2 cm，无毛。圆锥花序顶生，长5~14 cm，无毛；退化雄蕊三角状箭形，具柄，被灰白色长柔毛。

生于石灰岩石山山坡疏林或密林中；常见。 岩溶特有植物，可作为石山绿化树种；枝叶入药，可用于风湿痹痛。

粗柄楠

Phoebe crassipedicella S. Lee et F. N. Wei

乔木。幼枝密被灰黄色柔毛。叶片长8.5~15 cm，宽2.5~5.5 cm，腹面无毛，背面被微柔毛，侧脉每边7~9条。果序着生于幼枝中部以下，长3~9 cm，被微柔毛或无毛；果卵球形；宿存花被裂片等长，内面被短柔毛；果梗长4~5 mm，顶端增粗，无毛。花期5~6月，果期9月。

生于山坡或山谷疏林或密林中；少见。 岩溶特有植物，可作为石山绿化树种。

紫楠

Phoebe sheareri (Hemsl.) Gamble

大灌木至乔木。树皮灰白色。小枝、叶柄及花序均密被黄褐色或灰黑色柔毛或茸毛。叶片长8~27 cm，宽3.5~9 cm，背面密被黄褐色长柔毛，侧脉每边8~13条；叶柄长1~2.5 cm。圆锥花序长7~18 cm，在顶部分枝。果卵形，长约1 cm，果梗略增粗，被毛；宿存花被片卵形，两面被毛。花期4~5月，果期9~10月。

生于山谷或山坡疏林；常见。　枝叶入药，具有温中理气的功效；根入药，具有祛瘀消肿的功效；树皮入药，具有暖胃、祛湿、顺气的功效；木材纹理直，结构细，质硬，耐腐性强，可作建筑、造船、家具等用材。

莲叶桐科 Hernandiaceae

本科有4属59种，分布于亚洲东南部、大洋洲东北部、南美洲中部及非洲西部的热带地区。我国有2属15种1亚种6变种；广西有1属，即青藤属 *Illigera*，共8种2变种；木论有2种。

分种检索表

1. 小叶基部阔楔形；花绿白色………………………………………………………… **小花青藤** *I. parviflora*
1. 小叶基部圆形或近心形；花玫瑰红色……………………………………………… **红花青藤** *I. rhodantha*

红花青藤 毛青藤

Illigera rhodantha Hance

藤本。茎、幼枝被金黄褐色茸毛。三出复叶互生；叶柄密被金黄褐色茸毛；小叶片长6~11 cm，宽3~7 cm，基部圆形或近心形，边缘全缘。聚伞花序组成的圆锥花序腋生，密被金黄褐色茸毛；萼片紫红色；花瓣与萼片同形，稍短，玫瑰红色；花盘具5个腺体。果具4翅；翅舌形或近圆形。花期6~11月，果期12月至翌年5月。

生于路旁灌丛、山坡密林或疏林中；少见。 根、藤茎入药，具有消肿止痛、祛风散瘀的功效，可用于风湿骨痛、跌打损伤、毒蛇咬伤等。

毛茛科 Ranunculaceae

本科约有60属2000种，全球广泛分布，主要分布于北温带。我国有39属921种；广西有15属78种；木论有6属23种3变种。

分属检索表

1. 藤本………………………………………………………………………… 2. 铁线莲属 *Clematis*
1. 直立草本。
  2. 花萼绿色………………………………………………………………… 4. 毛茛属 *Ranunculus*
  2. 花萼不为绿色。
    3. 果实为瘦果。
      4. 叶基生并茎生，为二回至四回复叶 ……………………………… 5. 唐松草属 *Thalictrum*
      4. 叶均基生，为单叶或三出复叶 ……………………………………… 1. 银莲花属 *Anemone*
    3. 果实为蓇葖果。
      5. 花两侧对称；总状花序，稀伞房状；花梗有2枚小苞片 …………… 3. 翠雀属 *Delphinium*
      5. 花辐射对称；聚伞花序……………………………………………… 6. 尾囊草属 *Urophysa*

1. 银莲花属 *Anemone* L.

本属约有150种，全球广泛分布，主要分布于亚洲和欧洲。我国约有53种；广西有5种1变种；木论有3种。

分种检索表

1. 叶为单叶。
  2. 叶片不分裂…………………………………………………………… 卵叶银莲花 *A. begoniifolia*
  2. 叶片3~5浅裂………………………………………………………… 拟卵叶银莲花 *A. howellii*
1. 叶为三出复叶；小叶背面被短柔毛；花瓣单层；萼片5枚，紫红色 ………………………………
  ………………………………………………………………………………… 打破碗花花 *A. hupehensis*

卵叶银莲花

Anemone begoniifolia H. Lév. et Vant.

根状茎粗3~6 mm。基生叶3~9片；叶片心状卵形或宽卵形，长1.5~8.8 cm，宽1.3~10 cm，基部深心形或心形，两面疏被长柔毛。花葶1~2条，常紫红色；苞片3枚，不分裂或三裂；萼片5枚，白色，外面有疏柔毛。聚合果直径约4 mm；瘦果菱状倒卵形。花期2~4月。

生于山坡或山谷疏林下阴湿处；常见。　根入药，具有消肿接骨、止血生肌的功效；花美丽，可供观赏。

拟卵叶银莲花

Anemone howellii Jeffrey et W. W. Sm.

根状茎粗6 mm。基生叶约4片；叶片心状卵形或心形，先端渐尖或尾状渐尖，3浅裂，两面疏被短糙伏毛。花葶疏被短柔毛；苞片约5枚，菱形或匙形，不分裂或3浅裂；萼片5枚，白色，倒卵形，无毛。花期3~8月。

生于山谷密林下阴湿处；少见。　全草入药，外用于皮肤病；根入药，具有解热止痛的功效；花美丽，可供观赏。

打破碗花花 野棉花 棉花草

Anemone hupehensis (Lemoine) Lemoine

根状茎粗2~7 mm。基生叶3~5片，通常为三出复叶，有时1~2片或全部为单叶；中央小叶具1~6.5 cm长的柄，小叶片长4~11 cm，宽3~10 cm，基部圆形或心形，不分裂或3~5浅裂。花葶疏被柔毛；聚伞花序二回至三回分枝，只有3朵花；苞片3枚，为三出复叶。聚合果球形；瘦果表面密被绵毛。花期7~10月。

生于山坡、路旁灌丛中或草地；常见。 根或全草入药，具有清热利湿、消肿散瘀的功效，有毒；花美丽，可供观赏；全草可制土农药。

2. 铁线莲属 *Clematis* L.

本属约有300种，广泛分布于全球。我国约有110种；广西有43种；木论有13种3变种。

分种检索表

1. 叶为三出复叶或二回三出复叶。
  2. 花单生于叶腋，花梗中下部具2枚对生的叶状苞片；萼片6枚 ……………… **铁线莲** *C. florida*
  2. 花梗无叶状苞片；萼片通常4枚，稀为5枚或6枚。
    3. 花序被毛。
      4. 叶背无毛…………………………………………………………………… **丝铁线莲** *C. loureiriana*
      4. 叶背被毛。
        5. 叶背密生短柔毛；圆锥状聚伞花序被短柔毛 ……**钝齿铁线莲** *C. apiifolia* var. *argentilucida*
        5. 叶背被平伏的厚柔毛；聚伞花序密被黄色柔毛………… **锈毛铁线莲** *C. leschenaultiana*
    3. 花序无毛。
      6. 聚伞花序通常1~3朵花；宿存花柱被深褐色柔毛……………………… **山木通** *C. finetiana*
      6. 聚伞花序多花；宿存花柱被深褐色或白色柔毛。
        7. 小叶片的细脉隆起，形成明显的脉网。
          8. 叶片边缘有整齐的浅齿或有时部分全缘，两面近于无毛或仅背面叶脉上有短柔毛 ……………………………………………………………… **平坝铁线莲** *C. clarkeana*
          8. 叶片边缘全缘，两面无毛。
            9. 腋生花序基部有多数宿存芽鳞……………………………………… **小木通** *C. armandii*
            9. 腋生花序基部无宿存芽鳞。
              10. 小叶两面无皱纹 ……………………………………… **毛柱铁线莲** *C. meyeniana*
              10. 小叶两面具密皱纹 …………………… **沙叶铁线莲** *C. meyeniana* var. *granulata*
        7. 小叶片的细脉平，不明显，网脉亦不明显 ………………… **厚叶铁线莲** *C. crassifolia*
1. 叶为一回至二回羽状复叶，通常一回羽状复叶。
  11. 叶一回羽状复叶，有5片小叶。
    12. 茎、小枝近无毛或疏生短柔毛。
      13. 瘦果纺锤形或狭卵形，不扁，长3~5 mm ………………………… **小蓑衣藤** *C. gouriana*
      13. 瘦果卵形至宽椭圆形，扁，长5~7mm……………………………… **威灵仙** *C. chinensis*
    12. 茎、小枝密生淡黄褐色短柔毛 ………………………………………… **两广铁线莲** *C. chingii*
  11. 一回至二回羽状复叶。
    14. 枝无毛；叶片边缘全缘，两面无毛 ………………………………… **柱果铁线莲** *C. uncinata*
    14. 枝近无毛，稍被短柔毛或柔毛；叶片边缘有粗齿、牙齿或为全缘。
      15. 叶片两面有贴伏柔毛；花序常与叶近等长 ……………………… **裂叶铁线莲** *C. parviloba*
      15. 叶片两面近无毛或疏生短柔毛；花序常比叶短 ……………………………………………… ……………………………………………… **毛果扬子铁线莲** *C. puberula* var. *tenuisepala*

丝铁线莲　菝葜叶铁线莲

Clematis loureiriana DC.

木质藤本。茎光滑无毛，有纵沟。三出复叶，无毛；小叶片长7~11 cm，宽4~8 cm，边缘全缘，基出脉5条。圆锥花序或总状花序腋生，常具7~12朵花；萼片4枚，白色；心皮外面有白色绵毛；花柱具短柔毛。瘦果狭卵形；宿存花柱长3~5 cm，丝状，有开展的长柔毛。花期11~12月，果期1~2月。

生于山坡疏林中、林缘或路旁；少见。　全草入药，具有镇静、镇痛、降压的功效；叶入药，可用于高血压病及冠心病。

小木通

Clematis armandii Franch.

木质藤本。茎圆柱形，有纵条纹，小枝有棱。三出复叶；小叶片革质，边缘全缘，两面无毛。聚伞花序或圆锥状聚伞花序，腋生或顶生，通常比叶长或近等长；腋生花序基部有许多宿存芽鳞；花序下部苞片近长圆形，常3浅裂；萼片开展，白色，偶带淡红色。瘦果扁，表面疏生柔毛。花期3~4月，果期4~7月。

生于山坡、山谷、路边灌丛中、林缘或水沟旁；少见。　藤茎入药，具有利尿消肿、通经下乳的功效，可用于尿路感染、小便不利、肾炎水肿、闭经、乳汁不通；全草可制农药，可防治桥虫、菜青虫、地老虎、瓢虫等。

锈毛铁线莲　金盏藤

Clematis leschenaultiana DC.

木质藤本。茎圆柱形，有纵沟纹，密被开展的金黄色长柔毛。三出复叶；小叶片长7~11 cm，宽3.5~8 cm，上部边缘有钝齿，下部全缘，背面淡绿色，被平伏的厚柔毛，基出脉3~5条；叶柄长5~11 cm，密被开展的黄色柔毛。聚伞花序腋生，密被黄色柔毛，常仅3朵花。瘦果狭卵形，表面被棕黄色短柔毛；宿存花柱长3~3.5 cm，具黄色长柔毛。花期1~2月，果期3~4月。

生于路旁灌丛或山坡、山谷疏林中；常见。　全株或藤、茎叶入药，具有清热解毒、祛湿、消肿、止痛、利尿的功效，可用于风湿骨痛、四肢疼痛、毒蛇咬伤、目赤肿痛、疮毒等。

威灵仙 黑九牛 老虎须 铁脚威灵仙

Clematis chinensis Osbeck

木质藤本。茎、小枝近无毛或疏生短柔毛。一回羽状复叶有5片小叶，有时3片或7片；小叶片纸质，长1.5~10 cm，宽1~7 cm，边缘全缘，两面近无毛或疏生短柔毛。圆锥状聚伞花序腋生或顶生；萼片4~5枚，白色。瘦果扁，3~7个，有柔毛。花期6~9月，果期8~11月。

生于山坡疏林或路旁灌丛中；常见。 根入药，具有祛风湿、利尿、通经、镇痛的功效；全株可制农药，用于防治菜青虫、地老虎等。

柱果铁线莲　老虎须

Clematis uncinata Champ. ex Benth.

茎有纵条纹。一回至二回羽状复叶，有5~15片小叶，基部2对常具2~3片小叶，茎基部的为单叶或三出叶；小叶片长3~13 cm，宽1.5~7 cm，边缘全缘，两面网脉突出。圆锥状聚伞花序腋生或顶生，多花；萼片4枚，开展，白色。瘦果圆柱状钻形，干后变黑，长5~8 mm；宿存花柱长1~2 cm。花期6~7月，果期7~9月。

生于山坡或山顶疏林中；少见。 根入药，具有祛风除湿、舒筋活络、镇痛的功效；茎入药，具有利尿的功效，可用于小便不利。

3. 翠雀属 *Delphinium* L.

本属约有350种，广泛分布于北温带地区。我国有173种；广西有2种；木论有1种。

还亮草 野彩雀

Delphinium anthriscifolium Hance

茎无毛或上部疏被反曲的短柔毛。叶为二回至三回近羽状复叶，间或为三出复叶；叶片长5~11 cm，宽4.5~8 cm，具羽片2~4对，对生，稀互生，腹面疏被短柔毛，背面无毛或近无毛。总状花序有1~15朵花；花序轴和花梗被反曲的短柔毛。蓇葖长1.1~1.6 cm。种子扁球形。花期3~5月。

生于山坡灌丛中或山谷平地；少见。 全草入药，具有祛风除湿、止痛活络、行气消肿、止痒解毒的功效，可用于风湿骨痛，外用治痈疮癣癞等。

4. 毛茛属 *Ranunculus* L.

本属约有550种，全球广泛分布（除南极外）。我国有125种；广西有8种；木论有4种。

分种检索表

1. 基生叶为单叶，3深裂 …………………………………………… **毛茛** *R. japonicus*
1. 基生叶为三出复叶。
   2. 茎直立；花序顶生。
      3. 萼片卵形，长约3 mm …………………………………… 禺毛茛 *R. cantoniensis*
      3. 萼片椭圆形，长约6 mm ………………………………… **钩柱毛茛** *R. silerifolius*
   2. 茎铺散；花与叶对生……………………………………… 扬子毛茛 *R. sieboldii*

禺毛茛　小回回蒜

Ranunculus cantoniensis DC.

多年生草本。茎高25~80 cm，与叶柄均密生开展的黄白色糙毛。叶为三出复叶，基生叶和下部叶有长达15 cm的叶柄；复叶长3~6 cm，宽3~9 cm；小叶片宽2~4 cm，2~3中裂，两面贴生糙毛；茎上部叶渐小，3全裂。花序疏生，顶生；花梗长2~5 cm，与萼片均生糙毛。聚合果近球形，直径约1 cm；瘦果扁平，无毛。花果期4~7月。

生于山谷或田间草地、路边；少见。全草入药，具有清肝利胆、退黄祛湿、活血消肿、解毒消炎、明目祛翳、定喘、截疟、镇痛的功效，外用治跌打损伤。

扬子毛茛 半匍匐毛茛 狮子球

Ranunculus sieboldii Miq.

多年生草本。茎铺散，高20~50 cm，密生开展的白色或淡黄色柔毛。基生叶与茎生叶相似，为三出复叶；叶片长2~5 cm，宽3~6 cm，3浅裂至较深裂，边缘有齿，小叶柄具开展柔毛；叶柄长2~5 cm，密生开展的柔毛。花与叶对生。聚合果圆形，直径约1 cm；瘦果扁平，无毛。花果期5~10月。

生于田间草地；常见。 全草入药，具有截疟、拔毒、消肿、消炎、止血的功效；捣碎外敷，可发泡截疟及治疮毒、腹水浮肿等。

5. 唐松草属 *Thalictrum* L.

本属约有150种，分布于北温带地区。我国有67种；广西有5种；木论有1种。

盾叶唐松草

Thalictrum ichangense Lecoy. ex Oliv.

植株无毛。基生叶长8~25 cm，为一回至三回三出复叶，叶片长4~14 cm；顶生小叶长2~4 cm，宽1.5~4 cm，3浅裂，边缘有疏齿，小叶柄盾状着生，长1.5~2.5 cm；茎生叶1~3片。复单歧聚伞花序有稀疏分枝；萼片白色。瘦果近镰形，有约8条细纵肋。花期5~7月。

生于石灰岩石山山坡、山顶或山谷疏林阴湿处；常见。　全草入药，具有散寒除湿、去目雾、消浮肿的功效；根入药，可用于小儿抽风、小儿白口疮等。

6. 尾囊草属 *Urophysa* Ulbr.

本属有2种，分布于我国四川、湖北西部、湖南北部、贵州和广西。广西有1种；木论亦有。

尾囊草

Urophysa henryi (Oliv.) Ulbr.

根状茎木质，粗壮。叶片宽卵形，基部心形，两面疏被短柔毛；叶柄长3.5~12 cm，有开展的短柔毛。花葶与叶近等长；聚伞花序长约5 cm，通常具3朵花；苞片不分裂或3浅裂；小苞片对生或近对生，线形；花直径2~2.5 cm；萼片天蓝色或粉红白色，外面被疏柔毛，内面无毛；花瓣长椭圆状船形，爪长1 mm；心皮5~8个。蓇葖长4~5 mm，表面密生横脉，被短柔毛。花期3~4月。

生于石灰岩山地崖壁上；罕见。 根、根状茎入药，具有活血化瘀、消肿止痛、生肌止血的功效。

金鱼藻科 Ceratophyllaceae

本科有1属6种，分布于全球各地。我国有3种；广西有2种；木论有1种。

金鱼藻

Ceratophyllum demersum L.

多年生沉水草本。茎长40~150 cm。叶4~12片轮生，1~2次二叉状分歧，长1.5~2 cm，宽0.1~0.5 mm，先端带白色软骨质，边缘仅一侧有数枚细齿。苞片浅绿色，透明，先端有3齿及带紫色毛。坚果宽椭圆形，熟时黑色，平滑，边缘无翅，有3刺。花期6~7月，果期8~10月。

生于水中；少见。　全草入药，可用于内伤吐血；亦可作鱼、猪饲料。

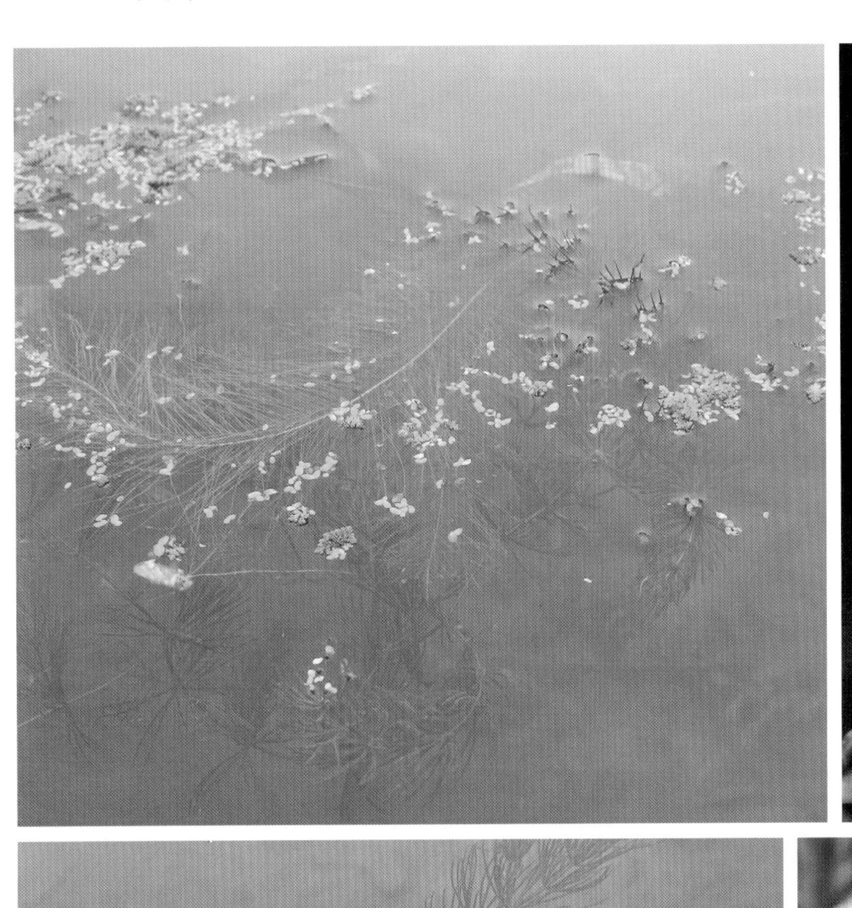

小檗科 Berberidaceae

本科有13属约600种，主要分布于北温带地区。我国有10属约300种；广西有5属35种；木论有5属8种。

分属检索表

1. 多年生草本。
  2. 叶较小，一回至三回三出复叶 ………………………………………… 1. **淫羊藿属** *Epimedium*
  2. 叶较大，单叶对生或近互生，或盾状着生 ………………………………… 2. **鬼臼属** *Dysosma*
1. 灌木。
  3. 叶为奇数羽状复叶。
    4. 叶较小，二回至三回奇数羽状复叶 ………………………………………… 3. **南天竹属** *Nandina*
    4. 叶较大，一回奇数羽状复叶 ………………………………………… 4. **十大功劳属** *Mahonia*
  3. 叶为单叶，簇生于短枝上；枝常具刺 ………………………………………… 5. **小檗属** *Berberis*

1. 淫羊藿属 *Epimedium* L.

本属约有50种，分布于非洲北部、意大利北部至黑海地区、喜马拉雅地区西部以及中国、朝鲜和日本，包括亚洲东北部。我国有41种；广西有7种；木论有1种。

粗毛淫羊藿

Epimedium acuminatum Franch.

多年生草本。一回三出复叶基生和茎生；小叶腹面无毛，背面灰绿色或灰白色，密被粗短伏毛，边缘具细密刺齿，基出脉7条。花茎具2片对生叶，有时3片轮生；圆锥花序长12~25 cm。蒴果长约2 cm；宿存花柱长圆状。花期4~5月，果期5~7月。

生于山坡、路旁或山谷疏林或密林中；常见。 全草入药，具有补肾壮阳、祛风除湿的功效，可用于肾虚阳痿、遗精、风湿痛、四肢麻木等。

2. 鬼臼属 *Dysosma* Woodson

本属有7~10种，分布于中国和越南北部。我国有7种；广西有4种；木论有1种。

八角莲

Dysosma versipellis (Hance) M. Cheng

多年生草本。茎直立，不分枝，无毛。茎生叶2片，互生；叶片盾状，4~9掌状浅裂，腹面无毛，背面被柔毛且叶脉明显隆起。花梗下弯，被柔毛；花深红色，5~8朵簇生于离叶基部不远处，下垂。浆果椭圆形，长约4 cm，直径约3.5 cm。花期3~6月，果期5~9月。

生于山坡、山谷疏林或密林中；常见。　国家二级重点保护植物；根状茎入药，具有清热解毒、舒筋活血、散瘀消肿、化瘀散结、排脓生肌、除湿止痛的功效；叶入药，具有止咳、解毒、敛疮的功效，可用于哮喘、背部溃烂。

3. 南天竹属 *Nandina* Thunb.

本属仅有1种，分布于中国和日本。木论亦有。

南天竹　天竹　天竺子

Nandina domestica Thunb.

常绿小灌木。茎光滑无毛，幼枝常为红色。叶互生，三回羽状复叶，长30~50 cm；二回至三回羽片对生；小叶长2~10 cm，宽0.5~2 cm，边缘全缘，两面无毛。圆锥花序直立，长20~35 cm；花白色。浆果球形，直径5~8 mm，熟时鲜红色，稀橙红色。花期3~6月，果期5~11月。

生于山坡疏林；少见。　根、叶入药，具有强筋活络、消炎解毒的功效；果实入药，具有止咳平喘的功效；亦为庭园观赏植物。

4. 十大功劳属 *Mahonia* Nutt.

本属约有60种，分布于亚洲东部和东南部、南美洲西部、北美洲、美洲中部。我国有31种；广西有17种；木论有3种。

分种检索表

1. 花瓣长圆形至椭圆形，先端微缺裂。
  2. 小叶基部圆形；浆果球形或近球形，直径5~8 mm，熟时深紫色 ………………………………………… **长柱十大功劳** *M. duclouxiana*
  2. 小叶基部楔形；浆果倒卵状或长圆状，长4~5 mm，熟时蓝色或淡红紫色 ………………………………………… **宽苞十大功劳** *M. eurybracteata*
1. 花瓣倒卵状长圆形，先端全缘，圆形 ………………………………… **沈氏十大功劳** *M. shenii*

长柱十大功劳　淡黄十大功劳

Mahonia duclouxiana Gagnep.

灌木。叶具4~9对无柄小叶；最下一对小叶长1.5~3 cm，宽1.2~2 cm；小叶间隔长2.5~11 cm。总状花序4~15个簇生，长8~30 cm；花瓣长圆形至椭圆形，基部具2个腺体；子房直径5~6 mm。浆果球形或近球形，熟时深紫色，被白粉。花期11月至翌年4月，果期3~6月。

生于山坡灌丛、山谷疏林或密林中；少见。　茎皮入药，具有清热解毒、燥湿的功效；亦可作为绿化观赏植物。

沈氏十大功劳 北江十大功劳 黄连木

Mahonia shenii Chun

灌木。叶卵状椭圆形，长23~40 cm，宽13~22 cm，具1~6对小叶；小叶无柄，基部一对小叶较小，其余小叶较大，狭至阔椭圆形或倒卵形，长6~13 cm，宽1~5 cm，边缘全缘或近先端具1~3不明显锯齿。总状花序6~10个簇生，长约10 cm；花黄色，花瓣倒卵状长圆形。浆果球形或近球形，熟时蓝色，被白粉，无宿存花柱。花期4~9月，果期10~12月。

生于山坡林下；少见。 根、茎入药，具有清热燥湿、泻火解毒的功效。

5. 小檗属 *Berberis* L.

本属约有500种，主要分布于北温带地区。我国有215种；广西有5种；木论有2种。

分种检索表

1. 叶片较大，长4~9 cm，宽1.8~3.5 cm，每边具8~12枚刺齿 …………… **南岭小檗** *B. impedita*
1. 叶片较小，长1~2 cm，宽5~10 mm，每边具1~4枚刺齿 ……………………**单花小檗** *B. uniflora*

单花小檗

Berberis uniflora F. N. Wei et Y. G. Wei

常绿灌木。叶片长5~10 cm，宽1~2 mm，先端具刺尖头，背面灰白色，密被白粉，中脉和侧脉明显隆起，叶缘明显向背面反卷，每边具1~4枚刺齿。花数朵簇生，黄色；花瓣倒卵形，长约8 mm，宽约6 mm。浆果椭圆形，微被白粉。花期4~5月，果期6~9月。

生于山顶或山坡疏林中；常见。 根或根皮入药，贵州民间用于痢疾、刀伤和提取小檗碱。

木通科 Lardizabalaceae

本科有9属近50种，分布于喜马拉雅地区至日本和智利。我国有7属37种；广西有5属15种；木论有3属3种2亚种。

分属检索表

1. 小叶边缘浅波状或全缘，先端凹、圆或钝；萼片3枚，稀4枚或5枚；雄蕊离生，花丝极短或无，花药内弯……………………………………………………………………………… 1. **木通属** *Akebia*
1. 小叶边缘全缘，先端渐尖或尾尖；萼片6枚；雄蕊分离或合生，具花丝，花药直。
 2. 内外两轮萼片形状通常近似，先端钝；雄蕊分离 …………………………2. **八月瓜属** *Holboellia*
 2. 外轮萼片披针形，渐尖，内轮通常线形；雄蕊花丝合生为管状或上部分离 …………………… ……………………………………………………………………………… 3. **野木瓜属** *Stauntonia*

1. 木通属 *Akebia* Decne.

本属有5种，分布于亚洲东部。我国均产；广西有1种1亚种；木论均有。 本属大部分种类的根、藤和果实入药，具有消炎解毒、利尿除湿、镇痛及通经的功效。

分种检索表

1. 小叶革质，边缘全缘 …………………………………………………**白木通** *A. trifoliata* subsp. *australis*
1. 小叶纸质或近革质，边缘浅裂或具波状齿 ……………………………………… **三叶木通** *A. trifoliata*

白木通 甜果木通

Akebia trifoliata (Thunb.) Koidz. subsp. *australis* (Diels) T. Shimizu

小叶革质，先端微凹入，具小凸尖。总状花序长7~9 cm，腋生或生于短枝上；雄花萼片紫色；雌花萼片暗紫色；心皮5~7个，紫色。果熟时黄褐色。花期4~5月，果期6~9月。

生于山坡疏林中；少见。 藤茎、根入药，具有清热利尿、通经活络、镇痛、排脓、通乳的功效；果实入药，具有疏肝理气、活血止痛、利尿、杀虫的功效。

2. 八月瓜属 *Holboellia* Wall.

本属有20种，分布于亚洲东南部以及喜马拉雅地区。我国有9种；广西有4种；木论有2种。

分种检索表

1. 羽状三出复叶，叶片背面粉绿色 ………………………………………… 鹰爪枫 *H. coriacea*
1. 掌状复叶有小叶5~7片，稀3片或9片，叶片背面苍白色密布极微小的乳突 ……………………
   ……………………………………………………………………………… 五月瓜藤 *H. angustifolia*

鹰爪枫

Holboellia coriacea Diels

常绿木质藤本。羽状三出复叶；小叶片厚革质，顶生小叶长2~15 cm，宽1~8 cm，先端渐尖或微凹，具小尖头；中脉在腹面凹陷，在背面突起，基出脉3条。花雌雄同株，白绿色或紫色，组成短的伞房式总状花序；雌花萼片紫色。果长圆柱形，长5~6 cm，直径约3 cm，熟时紫色，干后黑色，外面密布小疣点。花期4~5月，果期6~8月。

生于石灰岩石山山坡或山顶密林中；少见。　果可食，亦可酿酒；根及茎皮入药，具有祛风除湿、活血止痛的功效。

3. 野木瓜属 *Stauntonia* DC.

本属有25种，分布于亚洲东部。我国有20种；广西有6种；木论有1亚种。

尾叶那藤　七叶木通　五指那藤　白九牛

Stauntonia obovatifoliola Hayata subsp. *urophylla* (Hand.-Mazz.) H. N. Qin

木质藤本。掌状复叶有小叶5~7片；叶柄长3~8 cm；小叶革质，长4~10 cm，宽2~4.5 cm，先端骤然收缩为狭而弯的长尾尖；侧脉每边6~9条。总状花序数个簇生于叶腋，每个花序有3~5朵淡黄绿色的花。果长4~6 cm，直径3~3.5 cm。花期4月，果期6~7月。

生于山坡疏林或灌丛中；少见。　藤茎、根、果实入药，具有止痛、强心镇静、利尿、驱虫的功效。

防己科 Menispermaceae

本科有65属350多种，分布于全球热带亚热带地区，温带地区很少。我国有19属78种；广西有12属46种；木论有5属10种。

分属检索表

1. 雄蕊花丝分离。
  2. 花药横裂；萼片6枚。
    3. 外轮萼片比内轮小很多，无明显斑纹；花瓣先端2裂 ………………… **2. 木防己属** *Cocculus*
    3. 外轮萼片与内轮近等长，有明显的黑色或褐色斑纹；花序常生于老茎或无叶老枝上，如腋生则花较少……………………………………………………………… **3. 秤钩风属** *Diploclisia*
  2. 花药纵裂；萼片和花瓣均6枚，分化明显 ………………………………… **5. 青牛胆属** *Tinospora*
1. 雄蕊花丝合生。
  4. 萼片1轮，合生成坛状钟形；花瓣合生或无，如分离则与萼片对生 ……………………………………………………………………………………………… **1. 轮环藤属** *Cyclea*
  4. 萼片2轮，极少1轮，离生；花瓣离生，与萼片互生 …………………… **4. 千金藤属** *Stephania*

1. 轮环藤属 *Cyclea* Arn. ex Wight

本属约29种，分布于亚洲热带地区。我国有13种；广西有9种；木论有2种。

分种检索表

1. 掌状脉5~7条；核果无毛………………………………………………… **粉叶轮环藤** *C. hypoglauca*
1. 掌状脉9~11条；核果疏被刚毛 …………………………………………… **轮环藤** *C. racemosa*

粉叶轮环藤 金线风

Cyclea hypoglauca (Schauer) Diels

藤本。老茎木质。叶片边缘全缘而稍反卷，两面无毛或背面被稀疏而长的白毛；掌状脉5~7条；叶柄长1.5~4 cm，通常明显盾状着生。花序腋生，雄花序为间断的穗状花序；花瓣4~5片，通常合生成杯状，稀分离。核果红色，无毛；果核背部中肋二侧各有3列小瘤状突起。

生于山坡、路旁疏林中或林缘；常见。 根、茎、叶入药，具有清热解毒、祛风镇痛、利咽止咳、消炎、泻下通便的功效。

2. 木防己属 *Cocculus* DC.

本属约有8种，广泛分布于美洲中部、北美洲、非洲、太平洋的某些岛屿以及亚洲东部、东南部和南部。我国有2种；广西均产；木论有1种。

樟叶木防己 衡州乌药

Cocculus laurifolius DC.

直立灌木或小乔木。枝有纵条纹，嫩枝稍有棱角，无毛。叶片两面无毛，光亮；掌状脉3条，侧生的一对伸达叶片中部以上。聚伞花序或聚伞圆锥花序腋生，长1~5 cm，近无毛；心皮3个。核果近圆形，长6~7 mm；果核骨质，背部有不规则的小横肋状皱纹。花期春、夏季，果期秋季。

生于山坡疏林或密林，或路旁灌丛中；常见。

根或全株入药，具有散瘀消肿、祛风止痛、消食止泻、解热、利尿、驱虫的功效。

3. 秤钩风属 *Diploclisia* Miers

本属有2种，分布于亚洲热带地区。木论2种均有。

分种检索表

1. 聚伞花序腋生；核果阔倒卵形，长约1 cm；腋芽2个，叠生……………………… **秤钩风** *D. affinis*
1. 聚伞圆锥花序生于老枝或老茎上；核果长圆状狭倒卵形，长1.3~2 cm；腋芽1个…………………………………………………………………………………………… **苍白秤钩风** *D. glaucescens*

苍白秤钩风　茎花防己　粉绿秤钩风

Diploclisia glaucescens (Blume) Diels

木质大藤本。叶柄基生至明显盾状着生，比叶片长很多；叶片背面常有白霜。圆锥花序狭而长，常几个至多个簇生于老茎或老枝上，长10~30 cm或更长；花淡黄色，花瓣倒卵形或菱形。核果熟时黄红色。花期4月，果期8月。

生于山坡、山谷或路旁疏林中；常见。　根入药，可用于毒蛇咬伤；藤茎、叶入药，具有清热解毒、祛风除湿的功效。

4. 千金藤属 *Stephania* Lour.

本属有50种，分布于东半球热带地区。我国约有30种；广西有16种；木论有3种。

分种检索表

1. 叶片较小，通常长2~6 cm；花序梗顶端有盘状花托 ………………… **金线吊乌龟** *S. cephalantha*
1. 叶片较大，长5~18 cm；花序梗顶端无盘状花托。
   2. 雄花花瓣内面具2个大腺体；果核长5~6 mm，背部有4行刺状突起 ………………………………………………………………………………………………**广西地不容** *S. kwangsiensis*
   2. 雄花花瓣内面无腺体；果核长7.5~8 mm，背部有4行柱状雕纹 …… **马山地不容** *S. mashanica*

金线吊乌龟

Stephania cephalantha Hayata

草质藤本。块根团块状或近圆锥状。小枝紫红色。叶片长2~6 cm，宽2.5~6.5 cm，先端具小突尖，边缘全缘或多少浅波状；掌状脉7~9条。雌雄花序均为头状花序，具盘状花托；雄花序梗丝状；雌花序梗粗壮，单个腋生。核果阔倒卵圆形，长约6.5 mm，熟时红色。花期4~5月，果期6~7月。

生于山坡或山谷密林中；少见。 块根入药，具有清热解毒、消肿止痛的功效；块根含千金藤素（cepharanthine），具有抗痨、治胃溃疡和硅肺等功效；民间用鲜块根捣烂外敷治疮疔和毒蛇咬伤。

广西地不容　金不换

Stephania kwangsiensis Lo

多年生草质落叶藤本。块根扁球形或不规则球形，通常露于地面，外皮灰褐色，粗糙，散生皮孔状小突点，内面淡黄色或黄色。叶盾状着生；叶片三角状圆形或近圆形，边缘全缘或有时有角状粗齿，两面无毛，背面掌状脉上密覆小乳突。复伞形聚伞花序腋生，花小，淡黄色。花期5~6月，果期6~8月。

生于石灰岩山地山坡林下；少见。　块根入药，具有散瘀止痛、清热解毒等功效，为颅痛定的主要原料，可用于镇痛、镇静、解热等。

5. 青牛胆属 *Tinospora* Miers

本属有20多种，分布于东半球热带地区。我国有7种；广西有4种；木论有2种。

分种检索表

1. 叶片披针形、近卵形或椭圆形，长为宽的2~3倍，基部常箭形或戟形，背面无毛或被微柔毛或短柔毛……………………………………………………………… **青牛胆** *T. sagittata*
1. 叶片阔卵状近圆形，很少阔卵形，长宽差不多，基部深心形至浅心形，两面被短柔毛，背面甚密……………………………………………………………… **中华青牛胆** *T. sinensis*

青牛胆　金果榄

Tinospora sagittata (Oliv.) Gagnep.

草质藤本。枝有条纹，常被柔毛。叶片披针状箭形或有时披针状戟形，稀为卵状或椭圆状箭形，长7~20 cm，宽2.4~5 cm；基出脉5条，连同网脉均在背面突起。花序腋生，常数个或多个簇生；聚伞花序或分枝成疏花的圆锥状花序。核果熟时红色，近球形。花期4月，果期8~10月。

生于山坡、山谷疏林或密林中；常见。　块根入药，称“金果榄”，具有清热解毒、利咽、消炎止痛等功效，可用于各种炎症、痈疽、疔疮、菌痢、胃痛、热咳失音等。

中华青牛胆　宽筋藤　青九牛

Tinospora sinensis (Lour.) Merr.

藤本。枝稍肉质；嫩枝绿色，被柔毛。叶片阔卵状近圆形，很少阔卵形，先端骤尖，基部深心形至浅心形，边缘全缘，两面被短柔毛，背面甚密；基出脉5条，最外侧的1对近基部二叉分歧；叶柄被短柔毛，长6~13 cm。总状花序先叶抽出，雄花序单生或有时几个簇生，雌花序单生。核果熟时红色，近球形。花期4月，果期5~6月。

生于山坡、山谷疏林或路旁灌丛中；少见。　藤茎为常用中草药，通称“宽筋藤”，具有祛风止痛、舒筋活络的功效，可用于风湿筋骨痛、腰肌劳损、跌打损伤等。

马兜铃科 Aristolochiaceae

本科有8属700多种，主要分布于热带亚热带地区。我国有5属155种；广西有3属35种；木论有3属6种。

广义马兜铃属（*Aristolochia* s.l.）是该科种类最多的属，该属植物含有的马兜铃酸类成分具有肾毒性、致癌性、致突变性等危害，许多国家和地区相继禁止使用含有或疑似含有马兜铃酸成分的药材与制剂。我国在2003~2004年也相继采取了系列风险防控措施，包括取消关木通、广防已和青木香的药用标准；对含马兜铃、寻骨风、天仙藤和朱砂莲4种药材的中成药品种严格按照处方药管理。因此，广义马兜铃属植物的用药需谨慎。

近年来，随着野外调查的深入，研究手段的更新，特别是结合分子证据，广义马兜铃属植物已被分为狭义马兜铃属（*Aristolochia*）和关木通属（*Isotrema*）。

分属检索表

1. 草质或木质藤本；花两侧对称，管状或囊状，常弯曲；雄蕊6枚。
  2. 合蕊柱3裂，雄蕊成对与合蕊柱裂片对生，蒴果由上而下开裂 ………… **1. 关木通属** Isotrema
  2. 合蕊柱顶部6（5）裂，雄蕊单一的与蕊柱裂片对生，蒴果由基部向上开裂 ……………………………………………………………………………………………………… **2. 马兜铃属** *Aristolochia*
1. 多年生短茎草本；花冠辐射对称，钟状，不弯曲；雄蕊12枚 ………………… **3. 细辛属** *Asarum*

1. 关木通属 Isotrema Raf.

本属有110多种，分布于亚洲和美洲，特别是东亚和北美。我国有72种1变种；广西有17种；木论有3种。

分种检索表

1. 叶片披针形……………………………………………………………… **竹叶马兜铃** *I. bambusifolia*
1. 叶片非披针形。
  2. 叶片较小，狭卵形或卵状椭圆形，长11~15 cm，宽6~10 cm ………………………………………………………………………………………………… **环江马兜铃** *I. huanjiangensis*
  2. 叶片较大，心形或圆形，长10~35 cm，宽9~30 cm ……………… **木论马兜铃** *I. mulunensis*

竹叶马兜铃

Isotrema bambusifolia C. F. Liang ex H. Q. Wen

木质藤本。块根椭球形，串珠状。茎被黄褐色柔毛。叶片线状披针形，基部叶较宽而呈椭圆状披针形，基部钝或微心形，腹面无毛，背面被灰黄色柔毛，边缘全缘，侧脉12~16对，在两面突起。花被管状，外面黄绿色，具紫红色条纹，密被褐色长柔毛，喉部具舌状皱褶。花期4~5月。

生于石灰岩石山山坡疏林下石缝处；罕见。　广西重点保护植物。

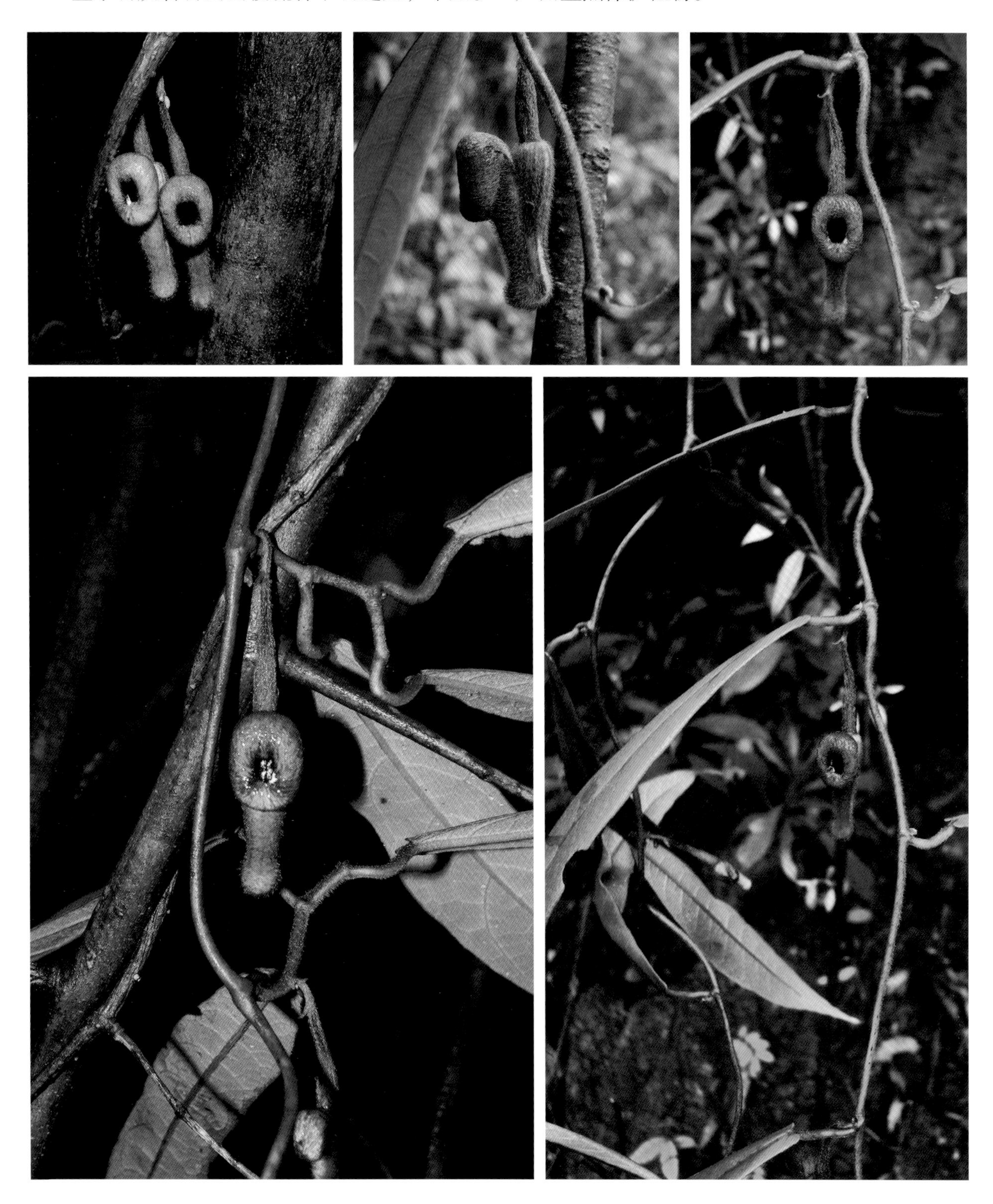

环江马兜铃

Isotrema huanjiangensis Yan Liu et L. Wu

攀缘藤本。叶片狭卵形或卵状椭圆形，长11~15 cm，宽6~10 cm，背面边缘具棕色柔毛，腹面无毛，叶脉羽状，4~5对；叶柄长4~5 cm。花通常单生于老茎上，花梗长1~1.5 cm；花被檐部直径3~4 cm。花期2~3月。

生于石灰岩石山山坡；罕见。 木论特有种，2013年正式发表，模式标本采自木论红峒；花色艳丽，可作为园林观赏植物。

木论马兜铃

Isotrema mulunensis Y. S. Huang et Yan Liu

攀缘藤本。叶片心形或圆形，长10~35 cm，宽9~30 cm，腹面疏被硬毛，背面密被棕色硬毛；基出脉5条，侧脉3~6对；叶柄长2.5~5 cm。花2~4朵腋生；花梗长5~15 cm；花被檐部直径3.5~5.5 cm。花期4~5月。

生于石灰岩石山山坡或山谷密林；罕见。 2013年正式发表，模式标本采自木论下寨；可作为园林观赏植物。

2. 马兜铃属 *Aristolochia* L.

本属约有500种，分布于热带和温带地区。我国有23种；广西有10种；木论有1种。

管花马兜铃 一点血 天然草

Isotrema tubiflora Dunn

草质藤本。茎无毛。嫩枝、叶柄折断后渗出微红色汁液。叶片基部浅心形至深心形，广展或内弯，弯缺通常深2~4 cm，边缘全缘，两面无毛或有时背面有短柔毛或粗糙，常密布小油点；基出脉7条，叶脉干后常呈红色。花单生或2朵聚生于叶腋；花被全长3~4 cm；檐部一侧极短，另一侧渐延伸成舌片。蒴果长圆形，长约2.5 cm，具6棱。花期4~8月，果期10~12月。

生于山谷林下阴湿处；少见。 根入药，具有清热解毒、止痛的功效；全株入药，可用于跌打损伤；果实入药，可用于咳嗽。

3. 细辛属 *Asarum* L.

本属约有90种，分布于北温带地区。我国有39种；广西有8种；木论有2种。

分种检索表

1. 叶片腹面叶脉有毛；花被裂片先端线形尾状……………………………… **尾花细辛** *A. caudigerum*
1. 叶片腹面叶脉无毛；花被裂片先端圆钝……………………………………… **地花细辛** *A. geophilum*

尾花细辛　土细辛　白金耳环

Asarum caudigerum Hance

多年生草本。全株散生柔毛。叶片先端急尖至长渐尖，腹面的脉两旁偶有白色云斑，疏被长柔毛，背面被较密的毛。花梗长1~2 cm，有柔毛；花被绿色，被紫红色圆点状短毛丛；花被裂片先端骤窄成细长尾尖，尾长可达1.2 cm。果具宿存花被。花期4~5月，在云南、广西可晚至11月。

生于山坡、山谷或路旁疏林或密林中；常见。　全草入药，多作“土细辛”用，具有温经散寒、消肿止痛、化痰止咳的功效；或作兽药。

地花细辛　花叶细辛

Asarum geophilum Hemsl.

多年生草本。全株散生柔毛。叶片圆心形、卵状心形或宽卵形，长5~10 cm，宽5.5~12.5 cm，腹面散生短毛或无毛，背面初被密生黄棕色柔毛。花紫色；花梗长5~15 mm，常向下弯垂，有毛；花被管短，长约5 mm，花被裂片卵圆形，表面密生紫色点状毛丛，边缘金黄色（干后紫色）；子房下位，具6棱，被毛。果卵状，熟时棕黄色，直径约12 mm，具宿存花被。花期4~6月。

生于山坡、山谷或路旁疏林中；常见。　根状茎、根或全草在贵州部分地区作“土细辛”用，具有疏风散寒、宣肺止咳、消肿止痛的功效；在广西多作兽药。

胡椒科 Piperaceae

本科有8~9属约3100种，分布于热带亚热带地区。我国有3属68种；广西有3属28种；木论有2属10种。

分属检索表

1. 矮小肉质草本；叶对生或轮生，稀互生；花两性，花序宽度几与花序梗长度相等，柱头单个，稀为2裂 ………………………………………… 1. 草胡椒属 *Peperomia*
1. 木质藤本或半灌木；叶互生；花通常单性，雌雄异株，极少有两性或杂性，花序常宽于花序梗长度3倍以上，柱头3~5裂，稀为2裂 …………………………2. 胡椒属 *Piper*

1. 草胡椒属 *Peperomia* Ruiz et Pavon

本属有1000~2000种，主要分布于热带地区。我国有60种；广西有22种；木论有1种。

石蝉草

Peperomia blanda (Jacq.) Kunth

肉质草本。茎分枝，被短柔毛。叶对生或3~4片轮生；叶片长2~4 cm，宽1~2 cm，两面被短柔毛，有腺点，基出脉5条。穗状花序腋生和顶生，单生或2~3个丛生，长5~8 cm；柱头顶生，被短柔毛。浆果球形。花期4~7月、10~12月。

生于山坡或路旁疏林或密林中；常见。　全草入药，具有抗癌、清热解毒、消肿散瘀、散结、化痰、止血、止痛利水的功效，可用于跌打损伤、烧烫伤、痈肿疮疖、肾炎水肿、哮喘、胃癌、肝炎等。

2. 胡椒属 *Piper* L.

本属约有2000种，主产于热带地区。我国有60多种；广西有22种；木论有9种。

本属植物通常具有重要的药用价值，如荜拔（*P. longum*）具有催眠、抗惊厥、抗炎、调节血脂、保护胃黏膜、抗结石形成、抗氧化和抗衰老等功效，石南藤（*P. wallichii*）具有抗血小板聚集的功效，山蒟（*P. hancei*）具有抗动脉粥样硬化的功效，假蒟（*P. sarmentosum*）具有镇痛、降血糖、抗氧化、抗菌和杀虫的功效。它们的化学成分类型多样，主要含有酰胺等类型化合物。

分种检索表

1. 叶片两面或仅背面脉上被不同类型的毛。
  2. 叶片背面被分支的茸毛……………………………………………………………… **复毛胡椒** *P. bonii*
  2. 叶片背面被不分支的茸毛。
    3. 叶片腹面无毛。
      4. 叶片基部偏斜不等，一侧圆，另一侧狭短尖 ………………… **苎叶蒟** *P. boehmeriifolium*
      4. 叶片基部几相等。
        5. 幼枝被疏毛或较密的软柔毛。
          6. 叶脉7条，通常对生，最上1对离基5~10 mm从中脉发出…… **华山蒌** *P. cathayanum*
          6. 叶脉5~7条，最上1对互生或近对生，离基1~2.5 cm从中脉发出 …………………
          ……………………………………………………………………………… **石南藤** *P. wallichii*
        5. 幼枝无毛………………………………………………………………… **海南蒟** *P. hainanense*
    3. 叶片两面被短柔毛，或沿脉上被极细的粉状短柔毛。
      7. 幼枝被柔软的短毛；叶柄长5~10 mm ……………………………… **毛蒟** *P. hongkongense*
      7. 幼枝无毛或被极细的粉状短柔毛；叶柄长1~10 cm不等，茎顶部的叶有时近无柄而抱茎。
        8. 叶脉全部基出…………………………………………………………………… **荜拔** *P. longum*
        8. 叶脉最上1对离基1~2 cm从中脉发出 …………………………… **假蒟** *P. sarmentosum*
1. 叶片两面及脉上均无毛…………………………………………………………………… **山蒟** *P. hancei*

苎叶蒟　大肠风

Piper boehmeriifolium (Miq.) Wall. ex C. DC.

半灌木。茎直立。枝通常无毛。叶片薄纸质，有密细腺点，形状多变，长椭圆形、长圆形或长圆状披针形，长12~23 cm，宽2.5~8 cm，先端渐尖至长渐尖，基部偏斜不等；常有2对离基脉；叶鞘长约为叶柄长的一半。花单性，雌雄异株，聚集成与叶对生的穗状花序。浆果近球形，离生，直径约3 mm。花期4~6月。

生于山谷林下；少见。　茎、叶入药，具有祛风散寒、消肿止痛、活血调经的功效；果实入药，可用于风湿、月经不调。

毛蒟 毛蒌

Piper hongkongense C. DC.

攀缘藤本。幼枝被柔软的短毛，老时脱落。叶片卵状披针形或卵形，基部浅心形或半心形，两侧常不对称，两面被柔软的短毛；叶脉5~7条，最上1对互生，离基1.5~3 cm从中脉发出，余者均自基部或近基部发出；叶柄长5~10 mm，密被短柔毛，仅基部具鞘。花单性，雌雄异株，聚集成与叶对生的穗状花序。浆果球形，直径约2 mm。花期3~5月。

生于疏林或密林中，常攀缘于树上或石上；常见。 全草入药，具有祛风活血、行气止痛的功效。

假蒟　假蒌

Piper sarmentosum Roxb.

多年生植物。茎匍匐，逐节生不定根。小枝近直立，无毛或幼时被极细的粉状短柔毛。叶片有细腺点，基部心形或稀有截平，两侧近相等，腹面无毛，背面沿脉上被极细的粉状短柔毛；叶脉7条，最上1对离基1~2 cm从中脉发出。花单性，雌雄异株，聚集成与叶对生的穗状花序。浆果近球形，具4条棱，表面无毛。花期4~11月。

生于林下或村旁荫蔽处；少见。　全草入药，具有行气止痛、祛湿消肿、消滞化痰的功效。

山蒟　辣椒姜　小肠风　爬崖香

Piper hancei Maxim.

攀缘藤本。茎节上生不定根。全株除花序轴和苞片柄外，其余均无毛。叶片卵状披针形或椭圆形，叶脉5~7条，最上一对互生，离基1~3 cm从中脉发出。花单性，雌雄异株；雄花序长6~10 cm，雌花序长约3 cm，于果期延长。浆果球形，熟时黄色。花期3~8月。

生于疏林或密林中，常攀缘于树上或石上；少见。　全草或茎、叶入药，具有祛风除湿、行气止痛、化痰止咳的功效。

三白草科 Saururaceae

本科有4属6种，分布于亚洲东部和北美洲。我国有3属4种；广西有3属3种；木论均产。

分属检索表

1. 茎、叶无鱼腥味；花序总状；雄蕊6枚。
  2. 植株多少匍匐；茎顶部叶不呈白色；子房下位……………………………… 1. 裸蒴属 *Gymnotheca*
  2. 植株直立；茎顶部2~3片叶在花期常呈白色；子房上位………………… 3. 三白草属 *Saururus*
1. 茎、叶有鱼腥味；花序穗状；雄蕊3枚 ………………………………………… 2. 蕺菜属 *Houttuynia*

1. 裸蒴属 *Gymnotheca* Decne.

本属有2种，分布于我国中南部至西南部及越南北部。我国2种均有；广西有1种；木论亦有。

裸蒴　狗笠耳

Gymnotheca chinensis Decne.

草本。全株无毛。茎匍匐，节上生不定根。叶片肾状心形，长3~6.5 cm，宽4~7.5 cm，基部具2耳，边缘全缘或有不明显的细圆齿，叶面无腺点，叶脉5~7条，均自基部发出；托叶与叶柄边缘合生，基部扩大抱茎。花序单生，长3.5~6.5 cm；花序轴压扁状；子房长倒卵形，花柱线形，外卷。花期4~11月。

生于路旁疏林阴湿处；少见。　全草入药，具有清热解毒、祛风活血、利湿、消肿利尿、止带等功效，外用治跌打损伤、内伤、乳腺炎、蜈蚣咬伤等症。

2. 蕺菜属 *Houttuynia* Thunb.

本属有1种，分布于亚洲东部和东南部。我国长江流域及其以南各省区常见；广西有1种，木论亦有。

蕺菜　鱼腥草　臭菜

Houttuynia cordata Thunb.

草本。全草具腥臭味。茎下部伏地，节上轮生不定根，有时带紫红色。叶片长4~10 cm，宽2.5~6 cm，基部心形，两面有时除叶脉被毛外其余均无毛，背面常呈紫红色，叶脉5~7条，全部基出或最内1对离基约5 mm从中脉发出。花序长约2 cm，宽5~6 mm。蒴果长2~3 mm，顶部有宿存的花柱。花期4~7月。

生于路旁、山坡或山谷疏林中；常见。　全株入药，具有清热解毒、利水的功效；嫩根状茎可食，我国西南地区常作蔬菜或调味品。

3. 三白草属 *Saururus* L.

本属有2种，分布于亚洲东部及北美洲。我国仅1种；木论亦有。

三白草　塘边藕　百面骨　白莲藕

Saururus chinensis (Lour.) Baill.

草本，湿生。茎有纵长粗棱和沟槽，常带白色。叶片密生腺点，长10~20 cm，宽5~10 cm，基部心形或斜心形，两面均无毛；茎顶部叶2~3片于花期常为白色，呈花瓣状；叶脉5~7条，均自基部发出。花序白色，长12~20 cm。果近球形，直径约3 mm，表面多疣状突起。花期4~6月。

生于山坡、山谷疏林中或路旁水边；少见。　全草入药，具有清热利水、解毒消肿等功效，内服可用于尿路感染、尿路结石、脚气水肿等；外敷治痈疮疖肿、皮肤湿疹等。

金粟兰科 Chloranthaceae

本科有5属70种，分布于热带亚热带地区。我国有3属17种；广西有3属12种；木论有2属3种。

分属检索表

1. 多年生草本，稀为半灌木；雄蕊3枚，稀1枚 ……………………………… 1. **金粟兰属** *Chloranthus*
1. 半灌木；雄蕊1枚 ……………………………………………………………………2. **草珊瑚属** *Sarcandra*

1. 金粟兰属 *Chloranthus* Sw.

本属约有17种，分布于亚洲热带和温带地区。我国有13种；广西有9种；木论有2种。

分种检索表

1. 多年生草本；茎不分枝；叶常4片生于茎上部；叶片背面脉上有毛 ……… **宽叶金粟兰** *C. henryi*
1. 半灌木；茎分枝；叶常多对，不集生于茎上部；叶片两面无毛 ………………… **鱼子兰** *C. erectus*

宽叶金粟兰　长梗金粟兰　四块瓦

Chloranthus henryi Hemsl.

多年生草本。茎直立，单条或数条丛生，有6~7个明显的节，下部节上生1对鳞状叶。叶对生，通常4片生于茎上部；叶片长9~18 cm，宽5~9 cm，边缘具锯齿，齿端有1个腺体，侧脉6~8对。穗状花序顶生，通常二歧或总状分枝，连花序梗长10~16 cm；花序梗长5~8 cm；子房卵形，无花柱。核果球形，具短果梗。花期4~6月，果期7~8月。

生于山坡、山谷疏林中；少见。　根、根状茎或全草入药，具有舒筋活血、消肿止痛、杀虫的功效，可用于风寒湿痹、麻木疼痛、跌打损伤、风寒咳嗽、毒蛇咬伤等。

鱼子兰　滇桂金粟兰　石风茶　节节茶

Chloranthus erectus (Buch.-Ham.) Verdc.

半灌木。茎无毛。叶对生，边缘具腺状齿，两面无毛，侧脉5~9对。穗状花序顶生，二歧或总状分枝，再排成圆锥花序式；花白色；雄蕊3枚，药隔合生成卵状体。果倒卵形，幼时绿色，熟时白色。花期4~6月，果期7~9月。

生于路旁、山坡或山谷疏林或密林中；少见。 全株入药，具有通经活络、祛瘀止血的功效，可用于感冒、肾和尿路结石、跌打损伤、风湿麻木、关节炎等；鲜叶捣烂外敷治骨折。

2. 草珊瑚属 *Sarcandra* Gardn.

本属有3种，分布于亚洲东部至印度。我国有2种；广西均产；木论有1种。

草珊瑚　肿节风　九节风　九节茶

Sarcandra glabra (Thunb.) Nakai

常绿半灌木。茎与枝均有膨大的节。叶片长6~17 cm，宽2~6 cm，先端渐尖，边缘具粗锐齿，齿尖有1个腺体，两面均无毛；叶柄基部合生成鞘状；托叶钻形。穗状花序顶生，通常分枝，多少呈圆锥花序状。核果球形，熟时亮红色。花期6月，果期8~10月。

生于山坡疏林中；少见。　全株入药，具有清热解毒、祛风活血、消肿止痛、抗菌消炎的功效。

紫堇科 Fumariaceae

本科有20属约570种，分布于非洲、亚洲、欧洲和北美洲。我国有7属约376种；广西有2属12种；木论有1属5种。

紫堇属 *Corydalis* DC.

本属约有465种，主要分布于北温带地区。我国约357种；广西有11种；木论有5种。

分种检索表

1. 花黄色或金黄色。
  2. 茎伸长而分枝；总状花序顶生。
    3. 基生叶早枯，通常不明显；外花瓣具龙骨状突起 ……………………… 北越紫堇 *C. balansae*
    3. 基生叶叶片三角形，长7~10 cm，宽10~15 cm；外花瓣具短鸡冠状突起 ……………………………………………………………………………………… 贵州黄堇 *C. parviflora*
  2. 茎短；总状花序与叶对生……………………………………………………… 岩黄连 *C. saxicola*
1. 花紫色或淡紫色。
  4. 叶腋无肉质珠芽……………………………………………………………… 籽纹紫堇 *C. esquirolii*
  4. 叶腋具肉质珠芽……………………………………………………………… 地锦苗 *C. sheareri*

北越紫堇

Corydalis balansae Prain

草本。全株灰绿色，丛生；茎具棱。枝条花葶状，常与叶对生。下部茎生叶长15~30 cm，叶片背面苍白色，二回羽状全裂，一回羽片3~5对，二回羽片常1~2对，二回三裂至具3~5圆齿状裂片。总状花序多花而疏离，具明显花序轴；花黄色至黄白色，外花瓣勺状，具龙骨状突起。蒴果线状长圆形，长约3 cm。种子黑亮，扁圆形，表面具印痕状凹点。花果期5~8月。

生于路旁或山坡灌丛中；少见。　全草入药，具有清热祛火的功效。

贵州黄堇

Corydalis parviflora Z. Y. Su et Lidén

多年生石生草本。全株无毛，茎多分枝。基生叶叶片三角形，长7~10 cm，宽10~15 cm，二回三出，末回小叶边缘全缘至轻微分裂或具粗的疏齿，背面苍白色；茎生叶近一回羽状分裂。总状花序具长花序轴和密生5~10朵花；花黄色，外花瓣具短鸡冠状突起。蒴果线状披针形，长约2.5 cm，具1列种子。花果期3~6月。

生于山坡疏林或密林中；少见。

岩黄连　石生黄堇

Corydalis saxicola Bunting

草本。植株具粗大主根和单头至多头的根状茎。枝条与叶对生，花葶状。基生叶长10~15 cm，叶片约与叶柄等长，一回至二回羽状全裂，末回羽片楔形至倒卵形，不等大2~3裂或边缘具粗圆齿。总状花序长7~15 cm，多花，先密集，后疏离，通常与叶对生；花金黄色；柱头二叉状分裂，各分裂顶端具2裂的乳突。蒴果线形，长约2.5 cm。花果期5~7月。

生于石灰岩石山崖壁上；罕见。　国家二级重点保护植物；根或全草入药，具有清热解毒、镇痛、利湿、止血的功效。

籽纹紫堇

Corydalis esquirolii H. Lév.

无毛草本。茎2~5条，不分枝或上部具少数分枝。基生叶数片，叶柄长6~15 cm，基部具鞘，叶片轮廓三角形，二回羽状分裂，第一回全裂片2~3对，对生，下部裂片3全裂；茎生叶互生。总状花序顶生，长2~3 cm，有8~10朵花；花瓣紫色或白色，先端紫色。蒴果长约2.3 cm，近念珠状。花果期3~4月。

生于山坡或路旁灌丛中；少见。　全草入药，具有清热、止痛的功效；根及根状茎入药，具有清热退黄、祛风湿、健胃、止痛的功效。

地锦苗　荷包牡丹　红花鸡距草

Corydalis sheareri S. Moore

多年生草本。根状茎粗壮；茎上部叶腋有时具易脱落的珠芽。基生叶数片，叶片三角形或卵状三角形，长3~13 cm，二回羽状全裂；茎生叶数片，与基生叶同形，但较小。总状花序生于茎及分枝顶端，长4~10 cm，有10~20朵花；花瓣紫红色；距圆锥形。蒴果狭圆柱形，长2~3 cm。种子近圆形，黑色。花果期3~6月。

生于路旁、沟谷阴湿处或林下潮湿地；常见。　块根入药，具有消肿止痛、清热解毒的功效；叶嫩绿色，花期长，花色艳丽醒目，可作观赏植物。

山柑科 Capparaceae

本科约有28属650种，主要分布于热带亚热带地区，少数分布至温带地区。我国有4属46种；广西有3属21种；木论有1属1种。

山柑属 *Capparis* L.

本属有250~400种，主要分布于热带亚热带地区，少数分布至温带地区。我国有37种；广西有16种；木论有1种。

无柄山柑　无柄槌果藤

Capparis subsessilis B. S. Sun

灌木。小枝圆形，无毛，无刺或有细小而上举的小刺。叶无柄或近无柄；叶片先端渐尖至长渐尖，尖头最长达1.8 cm，常有自中脉延伸的小凸尖头，基部心形，两面无毛；中脉与侧脉在腹面均凹陷，在背面均突起，在远离叶缘前即弧弯网结。花梗果时长2~3 cm，无毛。果单个腋生，近球形。果期8~10月。

生于山谷密林或疏林中；罕见。枝叶青翠，可作石山绿化或庭园观赏树种；叶入药，可用于毒蛇咬伤。

十字花科 Brassicaceae

本科约300属3500种，全球广泛分布，主产于北温带地区，特别是地中海地区。我国有102属412种；广西有11属39种；木论有3属5种。

分属检索表

1. 叶为复叶……………………………………………………………… 2. 碎米荠属 *Cardamine*
1. 叶为单叶。
   2. 短角果倒三角形或倒心状三角形；花瓣白色……………………………… 1. 荠属 *Capsella*
   2. 长角果；花瓣黄色…………………………………………………………3. 蔊菜属 *Rorippa*

1. 荠属 *Capsella* Medik.

本属约5种，分布于地中海地区、亚洲西部及欧洲。我国仅1种；广西木论亦有。

荠

Capsella bursa-pastoris (L.) Medik.

一年生或二年生草本。茎直立，单一或从下部分枝，无毛、有单毛或分叉毛。基生叶丛生呈莲座状，大头羽状分裂，长可达12 cm，宽可达2.5 cm；茎生叶基部箭形，抱茎。总状花序顶生和腋生，果期延长达20 cm；花瓣白色。短角果倒三角形或倒心状三角形，扁平，无毛。花果期4~6月。

生于路旁、山坡草地或灌丛中；常见。全草入药，具有利尿、清热、明目、止血、消积的功效；茎、叶可作蔬菜食用；种子油可供制油漆、肥皂等。

2. 碎米荠属 *Cardamine* L.

本属约有130种，广泛分布于全球，主产于温带地区。我国有42种；广西有8种；木论有2种。

分种检索表

1. 茎生叶叶柄稍扩大，抱茎或延伸成耳状 ………………………………… 弹裂碎米荠 *C. impatiens*
1. 茎生叶叶柄不扩大，不延伸成耳状 ……………………………………………… 碎米荠 *C. hirsuta*

弹裂碎米荠

Cardamine impatiens L.

一年生或二年生草本。茎有少数短柔毛或无毛，着生多数羽状复叶。基生叶叶柄两缘通常有短柔毛，基部有1对托叶状耳，小叶2~8对；顶生小叶边缘有不整齐钝齿状浅裂；侧生小叶与顶生的相似，自上而下渐小，通常生于最下的1~2对近于披针形；茎生叶基部也有抱茎线形弯曲的耳，小叶5~8对。总状花序顶生和腋生；花瓣白色。长角果长2~2.8 cm；果瓣无毛。种子边缘有极狭的翅。花期4~6月，果期5~7月。

生于路旁草地或灌丛中、山坡或山谷灌草丛中；常见。　全草可作野菜；也可入药，具有清热利湿、利尿解毒、活血调经的功效，可用于淋浊、带下病、月经不调、痢疾等。

3. 蔊菜属 *Rorippa* Scop.

本属有90种，分布于北半球温暖地区。我国有9种；广西有5种；木论有2种。

分种检索表

1. 花瓣黄色；长角果线状圆柱形，长1~2 cm ······ 蔊菜 *R. indica*
1. 无花瓣或花瓣不完全；长角果线形，长2~3.5 cm ······ 无瓣蔊菜 *R. dubia*

无瓣蔊菜

Rorippa dubia (Pers.) H. Hara

一年生草本。植株光滑无毛。单叶互生；基生叶与茎下部叶倒卵形或倒卵状披针形，长3~8 cm，宽1.5~3.5 cm，多数呈大头羽状分裂；茎上部叶边缘具波状齿。总状花序顶生或侧生；无花瓣（偶有不完全花瓣）；雄蕊6枚，其中2枚较短。长角果线形，长2~3.5 cm。花期4~6月，果期6~8月。

生于山谷、路旁和山坡灌丛中或草地；常见。 全草入药，具有解表健胃、止咳化痰、清热解毒、平喘、散热消肿等功效，外用治痈肿疮毒及烧烫伤。

堇菜科 Violaceae

本科有22属900种，广泛分布于全球。我国有4属124种；广西有2属21种；木论有1属7种。

堇菜属 *Viola* L.

本属约有500种，广泛分布于全球，主产地为北温带地区。我国约有120种；广西有20种；木论有7种。

分种检索表

1. 植株无毛；叶片基部截形或楔形，稀微心形。
  2. 茎直立，单一或数条簇生 ………………………………………… 三角叶堇菜 *V. triangulifolia*
  2. 植株无明显的直立茎。
    3. 植株具匍匐枝……………………………………………………………… 深圆齿堇菜 *V. davidii*
    3. 植株的叶均基生，呈莲座状，无匍匐枝。
      4. 叶片卵形或圆形，基部深心形……………………………………………… 世纬堇菜 *V. shiweii*
      4. 叶片呈三角状卵形、狭卵形或狭披针形，基部截形或楔形，稀微心形。
        5. 侧方花瓣内面基部密生或有时生较少量的须毛；距管状，长2~6 mm ……………………
        ……………………………………………………………………………… 戟叶堇菜 *V. betonicifolia*
        5. 侧方花瓣内面无毛；距细管状，长4~8 mm ……………………… 紫花地丁 *V. philippica*
1. 叶片、叶柄、匍匐枝均被白色长柔毛或刚毛。
  6. 叶基下延于叶柄上部………………………………………………………………… 七星莲 *V. diffusa*
  6. 叶基不下延于叶柄………………………………………………………………… 柔毛堇菜 *V. fargesii*

三角叶堇菜　蔓地草

Viola triangulifolia W. Beck.

多年生草本。地上茎直立，单一或数条簇生，无毛。基生叶2~5片，叶片基部心形，具长3~6.5 cm的叶柄；茎生叶基部心形或截形，边缘具浅齿，两面无毛。花瓣白色，有紫色条纹，单生于茎生叶的叶腋；花梗通常与叶近等长，有时比叶长。蒴果无毛。花果期4~6月。

生于山坡疏林；少见。　全草入药，具有清热解毒、利湿的功效，可用于目赤、结膜炎。

紫花地丁　犁头草

Viola philippica Cav.

多年生草本。植株无地上茎。叶基生，莲座状；叶片先端圆钝，基部截形或楔形，稀微心形，边缘具较平的圆齿，两面无毛或被细短毛。花紫堇色或淡紫色，稀白色，喉部色较淡并带有紫色条纹；花瓣倒卵形或长圆状倒卵形；距细管状。蒴果长圆形，无毛。花果期4月中下旬至9月。

生于田间、荒地、山坡草丛、林缘或灌丛中；常见。　全草入药，具有清热解毒、凉血消肿的功效；花色艳丽，可作早春观赏花卉；嫩叶可作野菜。

七星莲 蔓茎堇菜

Viola diffusa Ging.

一年生草本。全株被糙毛或白色柔毛，或近无毛。基生叶丛生，呈莲座状；叶片卵形或卵状长圆形，基部宽楔形或截形，稀浅心形，明显下延于叶柄，边缘具钝齿及缘毛，幼叶两面密被白色柔毛；叶柄长2~4.5 cm，具明显的翅。花淡紫色或浅黄色，具长梗，生于基生叶或匍匐枝叶丛的叶腋间。蒴果长圆形，无毛，顶部常具宿存花柱。花期3~5月，果期5~8月。

生于山坡疏林中、林缘、草坡、溪谷旁、岩石缝隙中；常见。 全草入药，具有清热解毒、排脓消肿的功效。

柔毛堇菜

Viola fargesii H. Boissieu

多年生草本。全体被开展的白色柔毛。匍匐枝较长，延伸，有柔毛。叶近基生或互生于匍匐枝上；叶片长2~6 cm，宽2~4.5 cm，基部宽心形，边缘密生浅钝齿，背面尤其沿叶脉毛较密；叶柄长5~13 cm，密被长柔毛，无翅。花白色；花梗密被开展的白色柔毛。蒴果长圆形。花期3~6月，果期6~9月。

生于山坡疏林、密林中或石灰岩崖壁上；少见。　全草入药，具有清热解毒、散结、祛瘀生新的功效。

远志科 Polygalaceae

本科有11属约1000种，广泛分布于全球，以热带亚热带地区最多。我国有4属48种；广西有4属27种；木论有1属4种。

远志属 *Polygala* L.

本属约有600种，广泛分布于全球。我国有40种；广西有22种；木论有4种。

分种检索表

1. 叶片两面无毛。
  2. 总状花序排成伞房或圆锥花序；花较小，长1 cm以下 ……………………尾叶远志 *P. caudata*
  2. 总状花序2~5个簇生于枝顶叶腋内，非伞房状或圆锥状花序；花较大，长1 cm以上 ……………………………………………………………… 长毛籽远志 *P. wattersii*

1. 叶片两面均疏被短柔毛。
  3. 总状花序与叶对生；内萼片与花瓣成直角着生；蒴果具狭翅………… 荷包山桂花 *P. arillata*
  3. 总状花序顶生；内萼片与花瓣不成直角着生；蒴果无翅……………………黄花倒水莲 *P. fallax*

尾叶远志

Polygala caudata Rehder et E. H. Wilson

灌木。单叶，绝大部分螺旋状紧密地排列于小枝顶部；叶片先端具尾状渐尖或细尖，边缘全缘，两面无毛。总状花序顶生或生于顶部数个叶腋内，数个密集成伞房状花序或圆锥花序，长2.5~7 cm，被紧贴短柔毛；花瓣3片，白色、黄色或紫色。蒴果长圆状倒卵形，顶部微凹，具狭翅。花期11月至翌年5月，果期5~12月。

生于山坡、路旁疏林中；少见。 根入药，具有止咳平喘、清热利湿、通淋的功效，可用于咳嗽、哮喘、黄疸、肝炎、尿血等。

长毛籽远志 西南远志

Polygala wattersii Hance

灌木或小乔木。小枝具纵棱槽，幼时被腺毛状短柔毛。叶簇生于小枝顶部；叶片长4~10 cm，宽1.5~3 cm，边缘全缘，两面无毛，主脉在腹面凹陷，在背面隆起，侧脉8~9对。总状花序2~5个簇生于小枝近顶端的数个叶腋内，长3~7 cm，被白色腺毛状短细毛；花瓣3片，黄色，稀白色或紫红色。蒴果倒卵形或楔形，长10~14 mm，边缘具由下而上逐渐加宽的狭翅。花期4~6月，果期5~7月。

生于山坡或山顶疏林或密林中；常见。 根入药，具有清热解毒、滋补强壮、舒筋活血的功效，可用于跌打损伤、乳房肿痛、乳腺炎、肿毒等。

荷包山桂花 阳雀花 小鸡花 黄花远志

Polygala arillata Buch.-Ham. ex D. Don

灌木或小乔木。小枝密被短柔毛。芽密被黄褐色毡毛。单叶互生；叶片先端渐尖，基部楔形或钝圆，边缘全缘，具缘毛，两面均疏被短柔毛，沿脉较密，后渐无毛；主脉在腹面微凹，在背面隆起，侧脉5~6对，在叶缘附近网结；叶柄长约1 cm，被短柔毛。总状花序与叶对生，下垂，密被短柔毛，长7~10 cm，果时长达25 cm；萼片5枚，花瓣状，红紫色；花瓣3片，黄色。蒴果浆果状，熟时紫红色，顶部微缺，具短尖头，具狭翅及缘毛。花期5~10月，果期6~11月。

生于山坡疏林下或灌丛中；少见。 根、根皮入药，具有清热解毒、祛风除湿、补虚消肿的功效。

景天科 Crassulaceae

本科有35属约1500种，分布于北半球大部分地区。我国有10属约240种；广西有6属18种；木论有2属6种。

分属检索表

1. 叶片边缘具齿……………………………………………………………… 1. 费菜属 *Phedimus*
1. 叶片边缘全缘……………………………………………………………… 2. 景天属 *Sedum*

1. 费菜属 *Phedimus* Rafinesque

本属约有20种，分布于亚洲和欧洲。我国有8种；广西有2种；木论有1种。

齿叶费菜

Phedimus odontophyllum Fröd.

多年生草本。全株无毛。叶对生或3叶轮生，常聚生枝顶；叶片边缘有疏而不规则的齿，基部急狭，入于假叶柄。花茎在基部生根，弧状直立，高10~30 cm；聚伞花序分枝蝎尾状；花无梗；萼片5~6枚，三角状线形；花瓣5~6片，黄色，先端有长的短尖头；鳞片5~6枚，近四方形。蓇葖横展，基部1 mm合生，腹面囊状隆起。花期4~6月，果期6月底。

生于山坡疏林中或林缘；少见。　全草入药，具有行血、散瘀的功效，可用于跌打损伤、骨折扭伤、瘀肿疼痛等。

2. 景天属 *Sedum* L.

本属约有600种，分布于热带和北温带地区的高山上。我国约有140种；广西有11种；木论有5种。

分种检索表

1. 叶片披针形、倒披针形或长圆形。
 2. 茎基部叶常对生，上部的互生 ……………………………………………… 珠芽景天 *S. bulbiferum*
 2. 通常3叶轮生 ……………………………………………………………………… 垂盆草 *S. sarmentosum*
1. 叶片不为上述形状。
 3. 叶对生，匙状倒卵形至宽卵形 …………………………………………… 凹叶景天 *S. emarginatum*
 3. 叶互生或3叶轮生。
  4. 叶互生，叶片长匙状倒卵形 ……………………………………………… 土佐景天 *S. tosaense*
  4. 叶互生或3叶轮生，卵圆形至圆形 …………………………………… 四芒景天 *S.tetractinum*

土佐景天

Sedum tosaense Makino

多年生草本。叶片长匙状倒卵形，长1.2~2 cm，宽0.5~1 cm，基部楔形，先端圆钝或微凹。聚伞花序多分枝，多花；苞片与茎生叶相似；萼片5枚，不等大。种子表面具乳头状突起。花期5~7月。

生于山坡或山顶疏林中；少见。

珠芽景天

Sedum bulbiferum Makino

多年生草本。茎高7~22 cm，下部常横卧。叶腋常有圆球形、肉质、小型珠芽着生。茎基部叶常对生；上部叶互生，匙状倒披针形，长10~15 mm，宽2~4 mm，先端钝，基部渐狭；下部叶卵状匙形。聚伞花序，分枝3个；萼片5枚，披针形至倒披针形；花瓣5片，黄色，披针形；雄蕊10枚；心皮5个。花期4~5月。

生于山坡疏林中或河边；常见。　全草入药，具有散寒截疟、理气止痛的功效，可用于疟疾、食积腹痛、风湿瘫痪等。

凹叶景天

Sedum emarginatum Migo

多年生草本。叶对生；叶片匙状倒卵形至宽卵形，先端圆，有微缺，基部渐狭，有短距。聚伞花序顶生，常有3个分枝；无花梗；萼片5枚，披针形至狭长圆形；花瓣5片，黄色，线状披针形至披针形；鳞片5枚，长圆形，基部钝圆；心皮5个。蓇葖略叉开，腹面有浅囊状隆起。花期5~6月，果期6月。

生于山坡疏林或林缘；少见。　全草入药，具有清热解毒、散瘀消肿的功效。

虎耳草科 Saxifragaceae

本科有80属1200种，广泛分布于全球。我国有29属545种；广西有6属20种；木论有3属4种。

分属检索表

1. 无花瓣……………………………………………………………………… 1. 金腰属 *Chrysosplenium*
1. 有花瓣。
   2. 花多数，排成各式花序 …………………………………………………… 2. 虎耳草属 *Saxifraga*
   2. 花单生于花茎顶端……………………………………………………… 3. 梅花草属 *Parnassia*

1. 金腰属 *Chrysosplenium* L.

本属约有65种，分布于非洲、美洲、亚洲和欧洲。我国有35种；广西有5种；木论有2种。

分种检索表

1. 叶对生，基生叶长1~2 cm；花茎无毛 ………………………………………滇黔金腰 *C. cavaleriei*
1. 叶互生，基生叶长3~10 cm；花茎疏生褐色柔毛 …………………天胡荽金腰 *C. hydrocotylifolium*

天胡荽金腰 大叶虎耳草 心叶金腰

Chrysosplenium hydrocotylifolium H. Lév. et Vaniot

多年生草本。茎通常无叶，被褐色柔毛。基生叶叶片先端钝圆，边缘波状或具34~37枚圆齿，两面无毛；叶柄长2.5~14 cm，最下部具褐色长柔毛。多歧聚伞花序长10~12 cm；花序分枝长达7.5 cm，疏生褐色柔毛。蒴果顶部近平截而微凹，2果爿近等大。花果期4~7月。

生于山谷密林中；罕见。　全草入药，具有清热解毒、祛风解表的功效，可用于风丹、疔疮、感冒发热等。

2. 虎耳草属 *Saxifraga* Tourn. ex L.

本属约有400种，分布于北极、北温带地区及南美洲（安第斯山），主要生于高山地区。我国有203种；广西有4种；木论有1种。

虎耳草

Saxifraga stolonifera Curtis

多年生草本。鞭匐枝细长，密被卷曲长腺毛，具鳞片状叶。茎被长腺毛，具1~4片苞片状叶。基生叶近心形、肾形至扁圆形，长1.5~7.5 cm，宽2~12 cm，（5）7~11浅裂，裂片边缘具不规则齿牙和腺睫毛，被腺毛，背面通常红紫色，被腺毛，有斑点；茎生叶披针形。聚伞花序圆锥状，长7.3~26 cm，具7~60朵花；花瓣白色，中上部具紫红色斑点，基部具黄色斑点；子房卵球形，花柱2裂，叉开。花果期4~11月。

生于山谷、路旁疏林中或密林下石上；少见。　全草入药，具有祛风清热、凉血解毒的功效，可用于中耳炎、荨麻疹、湿疹、肺热咳嗽、吐血等；有小毒。

3. 梅花草属 *Parnassia* L.

本属约有70种，分布于北半球暖温带地区，主要分布于亚洲南部和东南部。我国有63种；广西有7种；木论有1种。

鸡肫梅花草　苍耳七

Parnassia wightiana Wall. ex Wight et Arn.

多年生草本。基生叶2~4片，具长柄；叶片宽心形，先端圆或有突尖头，边缘全缘，基出脉7~9条。花单生于茎顶，直径2~3.5 cm；花瓣白色，长圆形、倒卵形或似琴形，基部楔形骤狭成长1.5~2.5 mm的爪，边缘上半部波状或齿状；子房倒卵球形，表面被褐色小点，花柱顶端3裂。蒴果倒卵球形，熟时褐色。花期7~8月，果期9~11月。

生于河沟边阴湿处；少见。　全草入药，具有清肺止咳、利水祛湿的功效。

石竹科 Caryophyllaceae

本科有88属约2000种，分布于全球温带地区，少数分布于热带山区甚至寒带地区。我国有32属约400种；广西有13属22种；木论有4属6种。

分属检索表

1. 有膜质托叶……………………………………………………………… 2. **荷莲豆草属** *Drymaria*
1. 托叶不存在。
   2. 蒴果果瓣先端多少2裂；花柱2~3枚。
      3. 花瓣通常2深裂 ……………………………………………………… 4. **繁缕属** *Stellaria*
      3. 花瓣全缘或先端齿裂至缝裂 …………………………………… 1. **无心菜属** *Arenaria*
   2. 蒴果果瓣先部不再分裂；花柱4~5枚………………………………… 3. **漆姑草属** *Sagina*

1. 无心菜属 *Arenaria* L.

本属有300多种，主要分布于北温带或寒带地区。我国有102种；广西有1种；木论亦有。

无心菜　蚤缀

Arenaria serpylifolia L.

一年生或二年生草本。茎丛生，密生白色短柔毛；节间长0.5~2.5 cm。叶片卵形，边缘具缘毛，两面近无毛或疏生柔毛，背面具3条脉，茎下部叶较大，茎上部叶较小；无柄。聚伞花序具多花；花梗纤细，密生柔毛或腺毛；花瓣5片，白色，倒卵形，长为萼片的1/3~1/2；雄蕊10枚，短于萼片；花柱3裂，线形。蒴果卵圆形，与宿存萼等长，顶部6裂。花期6~8月，果期8~9月。

生于山坡路旁或草地；少见。　全草入药，具有清热解毒的功效，可用于麦粒肿、咽喉痛、目赤、毒蛇咬伤等。

2. 荷莲豆草属 *Drymaria* Willd. ex Schult.

本属有48种，主产于墨西哥、印度群岛西部至南美洲。我国有2种；广西仅有1种；木论亦有。

荷莲豆草　水兰青　水冰片

Drymaria cordata (L.) Willd. ex Schult.

一年生草本。茎匍匐，丛生，无毛。叶片卵状心形，长1~1.5 cm，宽1~1.5 cm，具3~5条基出脉；托叶白色，刚毛状。聚伞花序顶生；花瓣白色，倒卵状楔形，稍短于萼片，先端2深裂；子房卵圆形；花柱3裂，基部合生。蒴果卵形，3瓣裂。种子近圆形，表面具小疣。花期4~10月，果期6~12月。

生于山坡路旁或山谷平地；少见。　全草入药，具有消炎、清热、解毒的功效，可用于肺炎、目赤肿痛、慢性肾炎、急性皮炎并发溃疡、疖肿等。

3. 漆姑草属 *Sagina* L.

本属约有30种，主要分布于北温带地区。我国有4种；广西有1种；木论亦有。

漆姑草

Sagina japonica (Sw.) Ohwi

一年生披散草本。茎纤细，多分枝，无毛。叶对生或假轮生；叶片线形，基部合生抱茎成膜质的短鞘，无毛。花白色，通常单生于叶腋或顶生；花梗长1~2 cm；萼片5枚，外被柔毛；花瓣5片；花柱5裂。蒴果卵圆形，比宿存萼长约1/3，5瓣裂至中部。花期3~5月，果期5~6月。

生于路边灌丛或林缘灌草丛中；少见。 全草入药，有提毒拔脓、利尿的功效；鲜叶揉汁可用于漆疮；嫩时可作猪饲料。

4. 繁缕属 *Stellaria* L.

本属有120种，广泛分布于全球。我国约有57种；广西有5种；木论有3种。

分种检索表

1. 花瓣长椭圆形，先端深裂几达基部。
   2. 茎禾秆质；叶片卵状椭圆形或长圆状披针形，基部楔形，干时叶缘常皱缩成波状 ………………………… 中国繁缕 *S. chinensis*
   2. 茎草质；叶片卵形或三角状卵形，基部圆形、平截或微心形，干时叶缘不皱缩成波状 ………………………… 繁缕 *S. media*
1. 花瓣倒心形，先端钝或微缺，或2裂深达花瓣1/3处 …………………… 巫山繁缕 *S. wushanensis*

繁缕

Stellaria media (L.) Vill.

一年生或二年生草本。茎常带淡紫红色，被1(~2)列毛。叶片边缘全缘；基生叶具长柄，上部叶常无柄或具短柄。聚伞花序顶生；花瓣白色，长椭圆形，比萼片短，深2裂达基部；花柱3裂，线形。蒴果卵形，稍长于宿存萼，顶部6裂。种子卵圆形至近圆形，熟时红褐色，表面具半球形瘤状突起。花期6~7月，果期7~8月。

生于山坡、路旁灌丛中或草地；常见。　全草或茎叶入药，具有清热解毒、化痰止痛、活血祛瘀、下乳催生的功效；嫩苗可食用。

巫山繁缕 鸡肉菜

Stellaria wushanensis Williams

一年生草本。茎多分枝，无毛。叶片卵状心形至卵形，基部近心形或急狭成长柄状，常左右不对称，两面均无毛或腹面被疏短糙毛，边缘无毛或具缘毛；叶柄长1~2 cm。聚伞花序常具花1~3朵，顶生或腋生；花瓣5片，倒心形，先端2裂深达花瓣1/3；雄蕊短于花瓣；花柱3裂，线形，有时为2裂或4裂。蒴果卵圆形，与宿存萼等长。花期4~6月，果期6~7月。

生于山坡路旁或山谷；少见。 全草入药，可用于小儿疳积；花较大，可供观赏。

马齿苋科 Portulacaceae

本科约有19属500种，广泛分布于全球，主产于南美洲。我国有2属6种；广西有2属4种；木论有1属1种。

土人参属 *Talinum* Adans.

本属约有50种，主产于美洲热带亚热带地区（特别是墨西哥），非洲、亚洲热带亚热带地区多有逸生。我国有1种，栽培后逸生；木论亦有。

土人参

Talinum paniculatum (Jacq.) Gaertn.

一年生或多年生草本。全株无毛。主根粗壮，圆锥形。叶互生或近对生；叶片稍肉质，长5~10 cm，宽2.5~5 cm，先端有时微凹，具短尖头，边缘全缘。圆锥花序顶生或腋生，常二叉分枝；萼片卵形，紫红色；花瓣粉红色或淡紫红色；雄蕊比花瓣短；花柱线形，柱头3裂。蒴果近球形，3瓣裂。种子扁圆形，熟时黑褐色或黑色，有光泽。花期6~8月，果期9~11月。

生于山坡疏林中或山谷平地；常见。　根、叶入药，具有补中益气、健脾润肺、生津止咳、调经的功效；叶外敷可用于疮疖；嫩叶可作蔬菜。

蓼科 Polygonaceae

本科有50属1120种，主产北温带地区，少数在热带地区。我国有13属238种；广西有8属64种；木论有6属14种1变种。

分属检索表

1. 花被裂片5枚，稀4枚；柱头头状。
  2. 花柱2裂，果时伸长，硬化，顶端呈钩状，宿存……………………………1. **金线草属** *Antenoron*
  2. 花柱3裂，稀2裂，果时非上述情况。
    3. 茎缠绕或直立；花被片外面3枚果时增大，背部具翅或龙骨状突起，稀不增大、无翅无龙骨状突起。
      4. 茎缠绕；花两性；柱头头状……………………………………………………3. **何首乌属** *Fallopia*
      4. 茎直立；花单性，雌雄异株；柱头流苏状 ……………………………5. **虎杖属** *Reynoutria*
    3. 茎直立；花被片果时不增大，稀增大呈肉质。
      5. 瘦果具3棱，明显比宿存花被长，稀近等长 ……………………………2. **荞麦属** *Fagopyrum*
      5. 瘦果具3棱或双凸镜状，比宿存花被短，稀较长 ………………………4. **蓼属** *Polygonum*
1. 花被片6枚；柱头画笔状 ……………………………………………………………………6. **酸模属** *Rumex*

1. 金线草属 *Antenoron* Raf.

本属有4种，分布于日本、菲律宾及北美洲。我国有2种；广西均产；木论有1种。

金线草 九龙盘 慢惊风

Antenoron filiforme (Thunb.) Roberty et Vautier

多年生草本。茎具糙伏毛，有纵沟，节部膨大。叶片椭圆形或长椭圆形，边缘全缘，两面均具糙伏毛；叶柄具糙伏毛；托叶鞘筒状，具短缘毛。总状花序呈穗状，顶生或腋生；苞片漏斗状，边缘膜质，具缘毛；花被4深裂，红色；雄蕊5枚；花柱2裂，顶端呈钩状。瘦果卵形，双凸镜状。花期7~8月，果期9~10月。

生于路旁草地；少见。 全草入药，具有凉血止血、祛瘀止痛的功效，可用于止血、肺结核咳血、崩漏、淋巴结核、跌打骨折、风湿腰痛、痢疾等。

2. 荞麦属 *Fagopyrum* Mill.

本属约有15种，广泛分布于亚洲和欧洲。我国有10种；广西有3种；木论有1种。

金荞麦　野荞麦

Fagopyrum dibotrys (D. Don) H. Hara

多年生草本。茎直立，具纵棱，无毛。叶片三角形，基部近戟形，边缘全缘，两面具乳头状突起或被柔毛；托叶鞘筒状，偏斜，先端截形。伞房状花序顶生或腋生；花梗中部具关节；花被5深裂，白色；花柱3裂，柱头头状。瘦果宽卵形，具3条锐棱。花期7~9月，果期8~10月。

生于路旁水边；少见。　国家二级重点保护植物；块根入药，具有清热解毒、排脓祛瘀的功效。

3. 何首乌属 *Fallopia* Adans.

本属约有9种，主要分布于北温带地区。我国有8种；广西有2种；木论有1种。

何首乌

Fallopia multiflora (Thunb.) Harald.

多年生草本。块根肥厚。茎缠绕，无毛。叶片卵形或长卵形，基部心形或近心形，两面粗糙，边缘全缘；托叶鞘膜质，偏斜，无毛。圆锥花序顶生或腋生，长10~20 cm，分枝开展，具细纵棱，沿棱密被小突起；花被5深裂，白色或淡绿色，花被裂片大小不相等，外面3枚较大背部具翅，果时增大。瘦果卵形，具3棱，包于宿存花被内。花期8~9月，果期9~10月。

生于路旁或林缘；少见。 块根入药，具有安神、养血、活络的功效；藤入药，具有养心、安神、祛风湿的功效。

4. 蓼属 *Polygonum* L.

本属约有230种，广泛分布于全球，主产于北温带地区。我国有113种；广西有46种；木论有8种1变种。

分种检索表

1. 叶盾状着生………………………………………………………………… 杠板归 *P. perfoliatum*
1. 叶不为盾状着生。
  2. 花序头状或簇生于叶腋。
    3. 花3~6朵簇生于叶腋……………………………………………………… 习见蓼 *P. plebeium*
    3. 花序头状。
      4. 茎匍匐或平卧；下部叶柄长2~3 mm ……………………………… 头花蓼 *P. capitatum*
      4. 茎直立；下部叶柄长1~2 cm。
        5. 叶片两面无毛；茎、枝通常无毛 ……………………………… 火炭母 *P. chinense*
        5. 叶片两面被糙硬毛；茎、枝具倒生糙硬毛 ………硬毛火炭母 *P. chinense* var. *hispidum*
  2. 总状花序穗状。
    6. 花被具腺点……………………………………………………………… 水蓼 *P. hydropiper*
    6. 花被无腺点。
      7. 叶片卵状披针形或卵形……………………………………………… 丛枝蓼 *P. posumbu*
      7. 叶片披针形、线状披针形、狭披针形或椭圆状披针形。
        8. 茎无毛………………………………………………………… 柔茎蓼 *P. kawagoeanum*
        8. 茎被短柔毛……………………………………………………………… 毛蓼 *P. barbatum*

杠板归

Polygonum perfoliatum L.

一年生草本。茎具纵棱，沿棱具稀疏的倒生皮刺。叶片三角形，腹面无毛，背面沿叶脉疏生皮刺；叶柄与叶片近等长，具倒生皮刺，盾状着生于叶片的近基部；托叶鞘叶状。总状花序呈短穗状；花被5深裂，白色或淡红色。瘦果球形，熟时黑色。花期6~8月，果期7~10月。

生于山坡、路旁灌丛中；少见。　全草入药，具有清热解毒、利尿消肿、活血的功效；地上部分入药，具有清热解毒、利水消肿、止咳的功效。

习见蓼

Polygonum plebeium R. Br.

一年生草本。茎平卧，具纵棱，沿棱具小突起。叶片狭椭圆形或倒披针形，两面无毛，侧脉不明显；托叶鞘膜质，白色。花3~6朵簇生于叶腋，遍布于全株；花被5深裂。瘦果宽卵形，具3条锐棱或双凸镜状。花期5~8月，果期6~9月。

生于田间草地；少见。 全草入药，具有清热解毒、利水通淋、化浊杀虫的功效；地上部分入药，具有清热、利尿、杀虫的功效。

头花蓼

Polygonum capitatum Buch.-Ham. ex D. Don

多年生草本。茎多分枝，疏生腺毛或近无毛。叶片卵形或椭圆形，边缘全缘，具腺毛，两面疏生腺毛，腹面有时具黑褐色新月形斑点；托叶鞘筒状，具腺毛。花序头状，单生或成对，顶生；花被5深裂，淡红色。瘦果长卵形，熟时黑褐色，表面密生小点。花期6~9月，果期8~10月。

生于路旁灌丛中或山坡草地；常见。　全草入药，具有清热解毒、凉血散瘀、利尿通淋的功效；花色艳丽，可作地被绿化观赏植物。

火炭母

Polygonum chinense L.

多年生草本。茎通常无毛，具纵棱。叶片卵形或长卵形，边缘全缘，两面无毛，有时背面沿叶脉疏生短柔毛；托叶鞘无毛，顶部偏斜，无缘毛。花序头状，通常数个排成圆锥状；花序梗被腺毛；花被5深裂，白色或淡红色。瘦果宽卵形，具3棱。花期7~9月，果期8~10月。

生于山坡、山谷疏林中或路旁；常见。　全草入药，具有清热解毒、利湿消滞、凉血止痒、明目退翳的功效；根、根状茎入药，可用于气虚。

毛蓼

Polygonum barbatum L.

多年生草本。茎具短柔毛。叶片披针形或椭圆状披针形，边缘具缘毛，两面疏被短柔毛；叶柄密生细刚毛；托叶鞘筒状，外面密被细刚毛。总状花序呈穗状，长4~8 cm；苞片漏斗状，无毛，边缘具粗缘毛；花被5深裂，白色或淡绿色。瘦果具3棱。花期8~9月，果期9~10月。

生于山坡疏林或山谷；少见。　全草入药，具有拔毒生肌、通淋、消肿的功效，可用于疮疖痈肿。

5. 虎杖属 *Reynoutria* Houtt.

本属有2种，分布于亚洲。我国有1种；木论亦有。

虎杖

Reynoutria japonica Houtt.

多年生草本。茎直立，空心，外面具明显的纵棱和小突起，无毛，散生红色或紫红色斑点。叶片边缘全缘，疏生小突起，两面无毛，沿叶脉具小突起；叶柄长1~2 cm，具小突起。花单性，雌雄异株，花序圆锥状，长3~8 cm，腋生；花被5深裂，淡绿色；雌花花被片外面3枚的背部具翅，果时增大。瘦果卵形，具3棱，包于宿存花被内。花期8~9月，果期9~10月。

生于路旁或林缘溪水旁；少见。 根及根状茎入药，具有清热解毒、祛风利湿、散瘀定痛、通经、收敛、止咳化痰的功效；叶入药，具有祛风、凉血解毒的功效。

6. 酸模属 *Rumex* L.

本属约有200种，广泛分布于全球，主产于北温带地区。我国有27种；广西有8种；木论有2种。

分种检索表

1. 茎下部叶基部圆形或心形；内花被片宽心形，基部心形，边缘具不整齐的小齿 ………………………………………………………………………… 羊蹄 *R. japonicus*
1. 茎下部叶基部楔形；内花被片狭三角状卵形，基部截形，边缘全缘 …**小果酸模** *R. microcarpus*

羊蹄

Rumex japonicus Houtt.

多年生草本。茎具纵沟槽。基生叶长圆形或披针状长圆形，基部圆形或心形，边缘微波状，背面沿叶脉具小突起；茎上部叶狭长圆形。花序圆锥状，多花轮生；花两性；花被片6枚，内花被片果时增大，宽心形，基部心形，边缘具不整齐的小齿，全部具小瘤。瘦果宽卵形，具3条锐棱。花期5~6月，果期6~7月。

生于田间水旁；少见。 全草入药，具有清热解毒、止血、通便、杀虫的功效；嫩叶可作野菜和猪饲料。

商陆科 Phytolaccaceae

本科约有17属120种，分布于热带地区，主产于美洲热带地区和非洲南部，仅少数种分布于亚热带边缘至温带地区。我国有2属约5种；广西有1属3种；木论有2种。

商陆属 *Phytolacca* L.

本属约有25种，分布于热带和亚热带地区。我国有4种；广西有3种；木论有2种。

分种检索表

1. 花序轴粗壮，花多而密；果序直立，种子较大，心皮分离 ………………………… **商陆** *P. acinosa*
1. 花序轴纤细，花较少而稀；果序下垂，种子较小，心皮合生 ……………**垂序商陆** *P. americana*

商陆　山萝卜

Phytolacca acinosa Roxb.

多年生草本。全株无毛；根肥大，肉质，倒圆锥形。叶片椭圆形、长椭圆形或披针状椭圆形，两面散生细小白色斑点（针晶体）。总状花序顶生或与叶对生，圆柱状，通常比叶短；花序梗长1~4 cm；花两性；花被片5枚，白色或黄绿色；花丝白色。果序直立；浆果扁球形。种子肾形，具3棱。花期5~8月，果期6~10月。

生于山坡疏林中；少见。　根入药，具有通二便、逐水、散结的功效；有毒，外敷可治痈肿疮毒、无名肿毒、跌打损伤等。

垂序商陆

Phytolacca americana L.

多年生草本。茎圆柱形，有时带紫红色。叶片椭圆状卵形或卵状披针形。总状花序顶生或侧生，长5~20 cm；花梗长6~8 mm；花白色，微带红晕；花被片5枚；雄蕊、心皮及花柱通常均为10枚，心皮合生。果序下垂；浆果扁球形，熟时紫黑色。花期6~8月，果期8~10月。

生于林缘或路旁；少见。　根入药，可用于水肿、白带、风湿等；种子入药，具有利尿的功效；全草可作土农药。

藜科 Chenopodiaceae

本科约100属1400多种，主要分布于温带和寒带的滨海或多盐地区。我国有42属190种；广西有5属9种；木论有1属1种。

藜属 *Chenopodium* L.

本属约170种，分布遍及世界各处。我国有15种；广西有5种；木论有1种。

小藜

Chenopodium ficifolium Sm.

一年生草本。茎具纵棱及绿色条纹。叶片卵状矩圆形，通常3浅裂；中裂片两边近平行，边缘具深波状齿；侧裂片位于中部以下，通常各具2浅裂齿。花两性，在上部枝上排成较开展的顶生圆锥状花序；柱头2裂，丝形。胞果包在宿存花被内，果皮与种子贴生。4~5月开始开花。

生于田间路旁或林缘；常见。　全草入药，具有清热解毒、祛湿、止痒透疹、杀虫的功效；亦可作土农药用。

苋科 Amaranthaceae

本科有70属900种，主要分布于热带和温带地区。我国有15属44种；广西有12属23种；木论有6属11种。

分属检索表

1. 叶对生或茎上部叶互生。
  2. 雄蕊花药2室。
    3. 花开放后反折、平展或下倾；花被片成长后变硬；花序长5 cm以上 ··· 1. **牛膝属** *Achyranthes*
    3. 花开放后不反折；花被片膜质；花序短，长5 cm以下 ························ 2. **白花苋属** *Aerva*
  2. 雄蕊花药1室；花两性，排成头状花序 ······································ 3. **莲子草属** *Alternanthera*
1. 叶互生。
  4. 草本或直立灌木。
    5. 胚珠或种子1颗；花单性 ·· 4. **苋属** *Amaranthus*
    5. 胚珠或种子2颗至数颗；花两性 ·· 5. **青葙属** *Celosia*
  4. 攀缘灌木 ·· 6. **浆果苋属** *Deeringia*

1. 牛膝属 *Achyranthes* L.

本属约有15种，分布于南北半球热带亚热带地区。我国有3种；广西有3种；木论均产。

分种检索表

1. 叶片倒卵形、椭圆形或矩圆形；退化雄蕊顶端有缘毛或细锯齿。
  2. 叶片先端尾尖；小苞片两侧有膜质小裂片；退化雄蕊顶端有缺刻状细齿······ **牛膝** *A. bidentata*
  2. 叶片先端圆钝，具突尖；小苞片两侧有全缘薄膜翅；退化雄蕊顶端有长缘毛 ··················
  ·· **土牛膝** *A. aspera*
1. 叶片披针形或宽披针形；退化雄蕊顶端有不明显牙齿 ·························· **柳叶牛膝** *A. longifolia*

牛膝

Achyranthes bidentata Blume

多年生草本。茎有棱角或四方形，有白色贴生或开展柔毛，或近无毛，分枝对生。叶片椭圆形或椭圆状披针形，稀为倒披针形，两面有贴生或开展柔毛。穗状花序顶生和腋生，长3~5 cm；花序梗有白色柔毛。胞果矩圆形，黄褐色，表面光滑。种子矩圆形，熟时黄褐色。花期7~9月，果期9~10月。

生于路旁草地、灌丛或疏林中，或林缘；常见。 根入药，具有活血通经、补肝肾、强腰膝的功效；兽医用于治牛软脚症、跌伤断骨等。

土牛膝 牛膝风 倒刺草 倒钩草

Achyranthes aspera L.

多年生草本。茎四棱形，有柔毛。叶片宽卵状倒卵形或椭圆状矩圆形，边缘全缘或波状，两面密生柔毛或近无毛。穗状花序顶生，长10~30 cm；花序梗密生白色伏贴或开展柔毛；小苞片刺状，边缘全缘；花被片披针形，具1条脉。胞果卵形，长2.5~3 mm。花期6~8月，果期10月。

生于山坡疏林中或林缘；常见。 全草入药，具有清热解毒、解表利湿、利水、活血的功效；根入药，具有清热解毒、活血散瘀、祛湿利尿的功效。

2. 白花苋属 *Aerva* Forssk.

本属约有10种，分布于亚洲及非洲热带亚热带和温带地区。我国有2种；广西均产；木论有1种。

白花苋 白牛膝 绢毛苋

Aerva sanguinolenta (L.) Blume

多年生草本。叶对生及茎上部叶互生；叶片卵状椭圆形、矩圆形或披针形。花序有白色或带紫色绢毛；苞片、小苞片及花被片外面有白色绵毛；花被片白色或粉红色。花期4~6月，果期8~10月。

生于山坡疏林中、路旁或山谷密林下；常见。 根及花入药，具有散瘀止痛、止咳、止痢、调经破血、利湿、补肝肾、强筋骨的功效，可用于红崩、跌打损伤、老年咳嗽、痢疾等。

3. 莲子草属 *Alternanthera* Forssk.

本属有200种，主要分布于美洲热带和暖温带地区。我国有5种；广西有2种；木论均产。

分种检索表

1. 头状花序单生于叶腋，球形，直径8~15 mm，具长花序梗 ……… **喜旱莲子草** *A. philoxeroides*
1. 头状花序1~4个腋生，直径3~6 mm，无花序梗 ……………………………… **莲子草** *A. sessilis*

喜旱莲子草 空心莲子菜 水花生

Alternanthera philoxeroides (Mart.) Griseb.

多年生草本。茎基部匍匐，管状。叶片先端急尖或圆钝，边缘全缘，两面无毛或腹面有贴生毛及缘毛，背面有颗粒状突起；叶柄长3~10 mm，无毛或微有柔毛。花密生，组成具花序梗的头状花序；花序单生于叶腋，球形，直径8~15 mm；花被片白色，光亮，无毛；子房倒卵形，具短柄。花期5~10月。

生于池塘、水沟内；少见。外来种，作为饲料植物引入后逸生；全草入药，具有清热利水、凉血解毒的功效。

莲子草

Alternanthera sessilis (L.) R. Br. ex DC.

多年生草本。茎有纵条纹及纵沟，沟内有柔毛。叶片条状披针形、矩圆形、倒卵形、卵状矩圆形，边缘全缘或有不明显的齿，两面无毛或疏生柔毛。头状花序1~4个腋生，花密生；花轴密生白色柔毛；花被片白色，无毛。胞果倒心形，侧扁，翅状，包在宿存花被内。花期5~7月，果期7~9月。

生于水旁灌草丛中；常见。　全草入药，具有清热解毒、散瘀消肿、凉血利水、拔毒止痒的功效；嫩叶可作为野菜食用，又可作饲料。

4. 苋属 *Amaranthus* L.

本属约有40种，广泛分布于热带和温带地区。我国有14种；广西有7种；木论有3种。

分种检索表

1. 花被片5枚；雄蕊5枚；果实环状横裂。
  2. 圆锥花序下垂，花穗顶端钝，中央花穗尾状 ………………………………… **尾穗苋** *A. caudatus*
  2. 圆锥花序直立，花穗顶端尖，花被片先端圆钝 ……………………………… **繁穗苋** *A. cruentus*
1. 花被片3枚；雄蕊3枚；果实不裂，皱缩 ……………………………………………… **皱果苋** *A. viridis*

皱果苋　绿苋　野苋

Amaranthus viridis L.

一年生草本。全体无毛。叶片卵形、卵状矩圆形或卵状椭圆形，先端尖凹或凹缺，稀圆钝，具1枚芒尖，边缘全缘或微呈波状缘。圆锥花序顶生，长6~12 cm，由穗状花序形成，圆柱形；花被片矩圆形或宽倒披针形，背部有1条绿色隆起中脉。胞果扁球形，不裂，极皱缩，超出宿存花被。花期6~8月，果期8~10月。

生于路旁灌草丛中；常见。全草入药，具有清热解毒、利尿止痛的功效；根入药，可用于菌痢、毒蛇咬伤；嫩茎叶可作野菜食用，也可作饲料。

5. 青葙属 *Celosia* L.

本属有60种，分布于热带和温带地区。我国有3种；广西有2种；木论有1种。

青葙

Celosia argentea L.

一年生草本。全体无毛。叶片矩圆状披针形、披针形或披针状条形，稀为卵状矩圆形，绿色，常带红色，先端具小芒尖。花密生，在茎端或枝端集成单一、无分枝的塔状或圆柱状穗状花序，花序长3~10 cm；花被片矩圆状披针形，初为白色，先端带红色或全部粉红色，后成白色；子房有短柄，花柱紫色。胞果卵形，包裹在宿存花被内。花期5~8月，果期6~10月。

生于路旁草丛中或林缘；少见。种子入药，具有清热明目的功效；嫩茎叶浸去苦味后，可作野菜食用；全株亦可作饲料。

6. 浆果苋属 *Deeringia* R. Br.

本属约有7种，分布于大洋洲及马达加斯加地区、亚洲南部的热带地区。我国有2种；广西有1种；木论亦有。

浆果苋 地灵苋

Deeringia amaranthoides (Lam.) Merr.

攀缘灌木。茎幼时有贴生柔毛，后变无毛。叶片卵形或卵状披针形，稀为心状卵形，基部常不对称，两面疏生长柔毛，后变无毛。总状花序腋生和顶生，再形成多分枝的圆锥花序；花序轴及分枝有贴生柔毛，有恶臭；花被片椭圆形，果时带红色，无毛；柱头3裂，圆柱状，果时反折。浆果近球形，红色，表面有3条纵沟。花果期10月至翌年3月。

生于山坡疏林中或山谷；少见。全株入药，具有祛风除湿、通经活络的功效，可用于风湿性关节炎、风湿腰腿痛等。

落葵科 Basellaceae

本科有4属25种，主要分布于热带亚热带地区。我国有2属3种；广西有2属2种；木论有1属1种。

落葵薯属 *Anredera* Juss.

本属有5~10种，分布于美洲热带地区。我国有2种；广西有1种；木论也有。

落葵薯

Anredera cordifolia (Ten.) Steenis

缠绕藤本。叶具短柄；叶片卵形至近圆形，长2~6 cm，宽1.5~5.5 cm，基部圆形或心形。总状花序具多花，下垂，长7~25 cm，花序轴纤细；花直径约5 mm；花梗长2~3 mm；花被片白色，渐变黑色，开花时张开；雄蕊白色，花丝顶端在芽中反折，开花时伸出花外；花柱白色，分裂成3个柱头臂，每臂具1个棍棒状或宽椭圆形柱头。花期6~10月。

生于路旁或林缘；少见。　珠芽、叶及根入药，具有滋补、壮腰膝、消肿散瘀的功效；茎、叶可食，常作蔬菜；也可作观赏植物。

亚麻科 Linaceae

本科有14属约250种，全球广泛分布，主要分布于温带地区。我国有4属14种；广西有3属5种；木论有1属2种。

青篱柴属 *Tirpitzia* Hallier f.

本属有3种，分布于中国、泰国北部以及越南。我国有2种；广西木论亦有。

分种检索表

1. 叶片通常纸质；子房4室，花柱4裂；蒴果4裂 ……………………………………… 青篱柴 *T. sinensis*
1. 叶片革质或干后纸质；子房5室，花柱5裂；蒴果5裂 ……………………………… 米念芭 *T. ovoidea*

青篱柴　白花树　青皮柴

Tirpitzia sinensis (Hemsl.) H. Hallier

灌木或小乔木。叶片先端钝圆或急尖，有小突尖或微凹，边缘全缘。聚伞花序在茎和分枝上部腋生；花瓣5片，白色；子房4室；花柱4裂，柱头头状。蒴果长椭圆形或卵形，室间开裂成4瓣。种子具膜质翅，稍短于蒴果。花期5~8月，果期8~12月或至翌年3月。

生于山坡、山顶、路旁疏林中；常见。 根、叶入药，具有活血、止血、止痛的功效，可用于劳伤、刀伤出血、跌打损伤、疥疮等。

米念芭　白花木

Tirpitzia ovoidea Chun et F. C. How ex W. L. Sha

灌木。树皮灰褐色，有灰白色皮孔。叶片革质或厚纸质，卵形、椭圆形或倒卵状椭圆形，长2~8 cm，宽1.2~4.2 cm，先端钝圆或急尖。聚伞花序在茎和分枝上部腋生；苞片小，宽卵形；萼片5枚，狭披针形；花瓣5片，白色，阔倒卵形；雄蕊5枚，退化雄蕊5枚；子房5室；花柱5裂。蒴果卵状椭圆形，室间开裂成5瓣。花期5~10月，果期10~11月。

生于山坡或山顶疏林、灌丛中；少见。　岩溶石山特有植物；全株入药，具有活血散瘀、舒筋活络的功效，可用于跌打损伤、骨折、风湿性关节炎、黄疸、小儿麻痹后遗症等；花期长，花白色，较大，可作庭园观赏植物。

牻牛儿苗科 Geraniaceae

本科有6属约780种，分布于全球，主产于非洲南部及南美洲。我国连引种栽培的共2属约54种；广西有2属7种；木论有1属1种。

老鹳草属 *Geranium* L.

本属约有380种，广泛分布于全球，主产于温带地区。我国约有50种；广西有5种；木论有1种。

尼泊尔老鹳草　南老鹳草

Geranium nepalense Sweet

多年生草本。茎被倒向柔毛。叶对生或偶为互生；托叶披针形，外被柔毛；基生叶和茎下部叶的叶柄被开展的倒向柔毛；叶片五角状肾形，基部心形，掌状5深裂，裂片菱形或菱状卵形。花序梗腋生，被倒向柔毛；花瓣紫红色或淡紫红色，倒卵形，等于或稍长于萼片。蒴果长15~17 mm；果瓣外面被长柔毛；喙被短柔毛。花期4~9月，果期5~10月。

生于路旁灌草丛中或山谷平地；少见。　全草入药，具有强筋骨、祛风湿、收敛和止泻的功效，可用于风湿关节痛、坐骨神经痛、痢疾、肠炎等。

酢浆草科 Oxalidaceae

本科有7属约1000种，分布于热带至温带地区，主产于南美洲热带地区。我国有3属约13种；广西有3属6种；木论有1属2种。

酢浆草属 *Oxalis* L.

本属约有700种，除极地外在全球各地都有分布。我国有8种；广西有3种；木论有2种。

分种检索表

1. 地上茎多分枝；花黄色…………………………………………………… 酢浆草 *O. corniculata*
1. 无地上茎；地下部分具多鳞茎状块茎；花紫红色……………………… 红花酢浆草 *O. corymbosa*

酢浆草　酸味草　黄花酢浆草
Oxalis corniculata L.

草本。全株被柔毛。叶基生或茎上互生；小叶3片，倒心形，两面被柔毛或腹面无毛。花单生或数朵集为伞形花序状，腋生；花瓣5片，黄色。蒴果长圆柱形，具5棱。花果期2~9月。

生于田间、路旁草地；常见。 全草入药，具有解热利尿、消肿散瘀的功效。

红花酢浆草
Oxalis corymbosa DC.

多年生草本。叶基生；小叶3片，扁圆状倒心形，先端凹入。花序梗基生，被毛；花瓣5片，倒心形，淡紫色至紫红色。花果期3~12月。

生于路旁草地；常见。 全草入药，可用于跌打损伤、赤白痢、止血等；花色艳丽，可作绿化观赏花卉。

凤仙花科 Balsaminaceae

本科有2属900种以上，主产于亚洲和非洲热带地区，少数产于温带地区。我国有2属228种；广西有1属33种；木论有5种1变种。

凤仙花属 *Impatiens* L.

本属约有900种，主要分布于东半球热带和温带地区，尤以山地最多。我国约有227种；广西有33种；木论有5种1变种。

分种检索表

1. 花黄色或淡黄色。
  2. 植株上部被疏柔毛…………………………………………………… **湖南凤仙花** *I. hunanensis*
  2. 植株全部无毛。
    3. 萼片黄色或黄白色，总花梗具3~7朵花。
      4. 叶片倒卵状长圆形，宽5~8 cm …………………………………… **田林凤仙花** *I. tianlinensis*
      4. 叶片披针形或长圆状披针形，宽2~3 cm …………………………**管茎凤仙花** *I. tubulosa*
    3. 萼片绿色，总花梗具1~2花…………………………………………… **绿萼凤仙花** *I. chlorosepala*
1. 花白色、粉红色或紫色。
  5. 花单生或2~3朵簇生于叶腋，无花序梗…………………………………… **凤仙花** *I. balsamina*
  5. 花2朵，稀单花，花序梗长4~7 cm …………… **瑶山凤仙花** *I. macrovexilla* var. *yaoshanensis*

田林凤仙花

Impatiens tianlinensis S. X. Yu et L. J. Zhang

多年生草本。全株无毛。茎肉质。叶互生，聚生于茎上端；叶片倒卵状长圆形，基部楔形，长10~18 cm，宽5~8 cm，边缘具圆齿，侧脉7~9对；叶柄长0.5~2 cm，或近无柄，具数个腺体。总状花序具花3~7朵；花序梗单生于上部叶腋；花黄绿色或奶黄色；子房棒状，上部膨大。蒴果锤状。花期9~11月。

生于山坡、山谷疏林或密林中阴湿处；少见。　花色艳丽，宜作庭园观赏花卉。

绿萼凤仙花　金耳环

Impatiens chlorosepala Hand.-Mazz.

一年生草本。茎肉质，直立，无毛。叶常密集于茎上部，互生；叶片基部楔状狭成长1~3.5 cm的叶柄，边缘具圆齿状齿，齿间具小尖，腹面被白色疏生伏毛，背面无毛。花序生于上部叶腋，长于叶柄，具1~2朵花；花淡红色；侧生萼片2枚，绿色；旗瓣兜状；唇瓣檐部漏斗状。蒴果披针形，顶部喙尖。花期10~12月。

生于山谷水旁荫处或疏林溪旁；少见。　花色艳丽，可作绿化观赏花卉；茎、叶入药，外敷或外洗，可用于消热消肿、治疥疮。

凤仙花 指甲花

Impatiens balsamina L.

一年生草本。茎粗壮，肉质，直立，下部节常膨大。叶片披针形、狭椭圆形或倒披针形，长4~12 cm，宽1.5~3 cm，边缘有齿，向基部常有黑色腺体；叶柄长1~3 cm，两侧具数对腺体。花单生或2~3朵簇生于叶腋，无花序梗，白色、粉红色或紫色，单瓣或重瓣；雄蕊5枚；子房纺锤形。蒴果宽纺锤形。花期7~10月。

生于村边路旁；常见。 茎入药，其有祛风湿、活血、止痛的功效；种子入药，具有软坚、消积的功效；花色多样，庭园广泛栽培，为常见的观赏花卉。

瑶山凤仙花

Impatiens macrovexilla Y. L. Chen var. *yaoshanensis* S. X. Yu, Y. L. Chen et H. N. Qin

多年生草本。全株无毛。叶互生；叶片卵圆形或椭圆状披针形，长6~8（12）cm，宽2.5~4.5 cm，两面无毛。花序生于上部叶腋，具1~2朵花；花粉红色，侧萼片全缘；子房无毛，长4~5 mm。蒴果长2~2.5 cm，棍棒状。花期4~6月，果期5~7月。

生于山坡、山谷或路旁疏林或密林中；少见。 花色艳丽，可作绿化观赏花卉。

千屈菜科 Lythraceae

本科有31属625~650种，主要分布于热带亚热带地区，尤以美洲热带地区最盛，少数延伸至温带地区。我国有10属43种；广西有6属13种；木论有1属1种。

节节菜属 *Rotala* L.

本属约有46种，分布于热带亚热带地区。我国有10种；广西有7种；木论有1种。

圆叶节节菜

Rotala rotundifolia (Buch.-Ham. ex Roxb.) Koehne

一年生草本。茎带紫红色。叶对生；侧脉4对。花单生于苞片内，排成顶生稠密穗状花序，花序长1~4 cm；苞片叶状，卵形或卵状矩圆形，约与花等长；萼筒阔钟形，裂片4枚；花瓣4片，倒卵形，淡紫红色；子房近梨形，柱头盘状。蒴果椭圆形，3~4瓣裂。花果期12月至翌年6月。

生于水旁；少见。 是我国南部水稻田的主要杂草之一，群众常用作猪饲料；全草入药，具有清热解毒、健脾利湿、消肿的功效。

柳叶菜科 Onagraceae

本科有17属650多种，广泛分布于热带和温带地区，以北美洲西部为多。我国有6属64种；广西有4属18种；木论有2属3种。

分属检索表

1. 花萼2裂，花瓣2片，雄蕊2枚，子房1~2室，每室有胚珠1颗；果为坚果状，有钩状毛 ……………………………………………………………………………… 1. **露珠草属** *Circaea*
1. 花萼4~6裂，花瓣与花萼裂片同数，稀不存在；雄蕊4~8枚，子房室与花萼裂片同数，每室胚珠多数；果为蒴果，无钩状毛 ……………………………………………… 2. **丁香蓼属** *Ludwigia*

1. 露珠草属 *Circaea* L.

本属有8种，分布于北半球温带地区。我国有7种；广西有2种；木论有1种。

南方露珠草　水珠草

Circaea mollis Sieb. et Zucc.

植株被镰状弯曲毛。叶片边缘近全缘至具锯齿。顶生总状花序常于基部分枝，稀为单总状花序，生于侧枝顶端的总状花序通常不分枝；花瓣白色，阔倒卵形，先端下凹至花瓣长度的1/4~1/2。果狭梨形至阔梨形或球形。花期7~9月，果期8~10月。

生于山谷疏林或灌丛中；少见。全草入药，具有清热解毒、理气止痛、祛瘀生肌、杀虫的功效，可用于风湿关节痛、内伤、毒蛇咬伤、皮肤过敏等。

2. 丁香蓼属 *Ludwigia* L.

本属约有80种，广泛分布于热带地区，少数种可分布到温带地区。我国有9种；广西有6种；木论有2种。

分种检索表

1. 雄蕊与萼片同数……………………………………………………………………**假柳叶菜** *L. epilobiloides*
1. 雄蕊数量为萼片的2倍 ………………………………………………………………**毛草龙** *L. octovalvis*

毛草龙　水丁香蓼　水仙桃

Ludwigia octovalvis (Jacq.) P. H. Raven

多年生粗壮直立草本。茎多分枝，稍具纵棱，常被伸展的黄褐色粗毛。叶片披针形至线状披针形，两面被黄褐色粗毛，边缘具毛；侧脉每边9~17条，在近边缘处环结。萼片4枚，基出脉络，两面被粗毛；花瓣黄色，具侧脉4~5对。蒴果圆柱状，具8棱，绿色至紫红色，长2.5~3.5 cm，表面被粗毛，熟时不规则地室背开裂。花期6~8月，果期8~11月。

生于山谷平地或路旁灌草丛中；少见。　根或全草入药，具有清热解毒、疏风凉血、辛凉解表、消肿、祛腐生肌的功效。

瑞香科 Thymelaeaceae

本科有48属约650种，广泛分布于南北两半球的热带和温带地区，多分布于非洲、大洋洲及地中海沿岸。我国有9属115种；广西有4属16种；木论有2属5种。

分属检索表

1. 花通常组成顶生或腋生的头状花序、短总状花序或簇生，通常具苞片；花盘缺或呈环状或杯状，全缘或有波状缺刻；叶通常互生……………………………………………………1. 瑞香属 *Daphne*
1. 花通常排成顶生的穗状或短总状花序，无苞片；花盘宿存，多少分裂，裂片鳞片状；叶通常对生……………………………………………………………………………2. 荛花属 *Wikstroemia*

1. 瑞香属 *Daphne* L.

本属约有95种，主要分布于欧洲经地中海地区、亚洲中部至中国、日本，南达印度至印度尼西亚。我国有52种；广西有5种；木论有2种。

分种检索表

1. 叶片较大，长6~16 cm，两面无毛……………………………………………… 白瑞香 *D. papyracea*
1. 叶片较小，长1.5~4.5 cm，两面被白色丝状粗毛………………………… 长柱瑞香 *D. championii*

白瑞香　野山麻　一身保暖

Daphne papyracea Wall. ex Steud.

常绿灌木。叶互生，密集于小枝顶端；叶片边缘全缘，两面无毛，侧脉6~15对。花白色，多朵簇生于小枝顶端成头状花序；花萼筒漏斗状，裂片4枚，外面中部至顶部散生白色短柔毛；子房无毛。浆果熟时红色，卵形或倒梨形。种子圆球形。花期11月至翌年1月，果期4~5月。

生于山谷、山坡、山顶疏林或密林中；常见。　根皮、茎皮、花、果实入药，具有祛风除湿、活血调经、接骨、止痛的功效，可用于风湿关节痛、筋骨疼痛、跌打损伤、痛经、便秘、癫痫等；茎皮纤维可制打字蜡纸、皮纸及人造棉。

长柱瑞香　小叶瑞香

Daphne championii Benth.

常绿直立灌木。嫩枝被黄色或灰色丝状粗毛。叶片椭圆形或近卵状椭圆形，两面被白色丝状粗毛；叶柄短，长1~2 mm，密被白色丝状长粗毛。花白色，通常3~7朵组成头状花序，腋生或侧生；子房椭圆形，无柄或几无柄，上部或几全部密被白色丝状粗毛。花期2~4月。

生于山坡林缘或路旁；少见。　茎皮纤维为高级用纸原料，又可制人造棉；根皮、茎皮入药，具有祛风除湿、解毒消肿、消疳散积的功效；全株入药，具有消疳散积、消炎的功效，可用于小儿疳积、咽喉炎。

2. 荛花属 *Wikstroemia* Endl.

本属约有70种，分布于亚洲北部经喜马拉雅、马来西亚、波利尼西亚及大洋洲到夏威夷群岛。我国约有49种；广西有8种；木论有3种，其中1种有待研究确定，在此暂不描述。

分种检索表

1. 枝叶无毛；花黄绿色，子房非棒状 …………………………………………………… 了哥王 *W. indica*
1. 嫩枝被灰色柔毛；叶片背面叶脉疏被灰色细柔毛；花被管白色，顶部淡紫色，子房棒状，具长柄 ………………………………………………………………………………… 北江荛花 *W. monnula*

了哥王　地皮棉　岩麻　乌麻

Wikstroemia indica (L.) C. A. Mey.

灌木。小枝红褐色，无毛。叶对生；叶片倒卵形、椭圆状长圆形或披针形，两面无毛。花黄绿色，数朵组成顶生头状总状花序；花序梗无毛；花萼近无毛，裂片4枚；雄蕊8枚，着生于花萼筒中部以上；子房倒卵形或椭圆形，无毛或在顶部被疏柔毛。果熟时红色至暗紫色。花果期夏秋季。

生于山坡、山顶疏林或密林中，或路旁灌丛中；少见。　全株有毒，可入药，具有清热解毒、通经利水、化痰止咳的功效；茎皮纤维可作造纸原料；叶捣烂外敷治肿伤，水煮液可作杀虫剂；种子油可制肥皂。

紫茉莉科 Nyctaginaceae

本科约有30属300种，分布于热带亚热带地区，主产于美洲热带地区。我国有6属13种；广西有3属5种；木论有1属1种。

紫茉莉属 *Mirabilis* L.

本属约有50种，主产于美洲热带地区。我国栽培有1种，有时逸为野生；木论亦有。

紫茉莉 指甲花

Mirabilis jalapa L.

一年生草本。茎多分枝，节稍膨大。叶片卵形或卵状三角形，基部截形或心形，边缘全缘，两面无毛。花常数朵簇生于枝端；总苞钟形，裂片三角状卵形，无毛；花被紫红色、黄色、白色或杂色，高脚碟状，5浅裂；花午后开放，有香气，翌日午前凋萎。瘦果球形，熟时黑色，表面具皱纹。花期6~10月，果期8~11月。

生于山谷平地或路旁；少见。 根、叶入药，具有清热解毒、活血调经、滋补的功效；种子的白粉可去面部癍痣、粉刺；亦可作观赏花卉。

山龙眼科 Proteaceae

本科约有80属1700种，主产于大洋洲和非洲南部地区，亚洲和南美洲也有。我国有3属25种；广西有3属16种；木论有1属1种。

山龙眼属 *Helicia* Lour.

本属约有97种，产于亚洲、大洋洲热带亚热带地区。我国有20种；广西有12种；木论有1种。

小果山龙眼　红叶树　羊屎果

Helicia cochinchinensis Lour.

乔木或灌木。枝和叶均无毛。叶片长圆形、倒卵状椭圆形、长椭圆形或披针形，基部楔形，稍下延，边缘全缘或上半部叶缘疏生浅齿；侧脉6~7对。总状花序，腋生，无毛，有时花序轴和花梗初被白色短毛，后全脱落；花梗常双生；花被筒白色或淡黄色。果椭圆形，熟时蓝黑色或黑色。花期6~10月，果期11月至翌年3月。

生于山坡疏林或林缘；少见。　根、叶入药，具有行气活血、祛瘀止痛的功效；种子入药，外用于烧烫伤，亦可榨油，供制肥皂等用；木材坚韧，适宜做小农具。

马桑科 Coriariaceae

本科有1属，即马桑属 *Coriaria*，约15种，分布于地中海地区、中南美洲及新西兰、日本。我国有3种；广西有1种；木论亦有。

马桑

Coriaria nepalensis Wall.

灌木。分枝水平开展，小枝四棱形或成四狭翅。叶对生；叶片椭圆形或阔椭圆形，基部圆形，边缘全缘，两面无毛或沿脉上疏被毛，基出脉3；叶柄短，疏被毛，紫色，基部具垫状突起物。总状花序生于二年生的枝条上，雄花序先叶开放；雄蕊10枚；雌花序与叶同出，花序轴被腺状微柔毛。果球形，果期花瓣肉质增大包于果外，熟时由红色变紫黑色。花期2~3月，果期5~8月。

生于路旁、山坡疏林中；常见。　果可提乙醇；种子榨油可作油漆和油墨；茎、叶可提栲胶；全株含马桑碱，有毒，可作土农药；根入药，具有清热明目、生肌止痛、散瘀消肿的功效；树皮入药，具有收敛口疮的功效；叶入药，具有祛风除湿、镇痛杀虫的功效；果初时呈鲜艳红色，后变黑色，可供观赏。

海桐花科 Pittosporaceae

本科有9属约290种，分布于热带亚热带地区。我国有1属46种；广西有25种；木论有5种。

海桐花属 *Pittosporum* Banks

本属有224种6亚种33变种，广泛分布于太平洋西南部各岛屿、大洋洲、东南亚及亚洲东部的亚热带地区。

分种检索表

1. 蒴果椭圆形，3瓣裂 ………………………………………………………… 缝线海桐 *P. perryanum*
1. 蒴果圆形或扁球形，2瓣裂。
　2. 复伞形花序或圆锥花序。
　　3. 每果有4粒种子 ……………………………………………………… 广西海桐 *P. kwangsiense*
　　3. 每果有8粒种子 ……………………………………………………… 短萼海桐 *P. brevicalyx*
　2. 单伞形花序或伞房花序。
　　4. 果直径1.6 cm，每果有种子20粒左右 ……………………………… 卵果海桐 *P. lenticellatum*
　　4. 果直径不及1.5 cm，每果有种子4粒 ……………………………… 四子海桐 *P. tonkinense*

缝线海桐

Pittosporum perryanum Gowda

常绿小灌木。叶常3~5片生于枝顶，薄革质，长椭圆形或倒卵状长圆形，长8~17 cm，宽4~6 cm。花6~9朵排成伞形花序，心皮3~4个，每胎座着生胚珠4~6颗。蒴果1~4个生于枝顶，椭圆形，长2~3 cm，3~4 爿裂开，果爿薄，革质；种子15~18粒，通常只有8~9粒。

生于山坡疏林或灌丛中；少见。　果实、种子入药，具有利湿退黄的功效，可用于黄疸、身目恶黄、小便黄赤、胁肋胀满、食欲不振、苔黄厚腻、脉象弦滑等。

广西海桐

Pittosporum kwangsiense H. T. Chang et S. Z. Yan

常绿灌木或小乔木。芽体卵形，鳞状苞片有褐毛。叶簇生于枝顶；叶片革质，倒卵状矩圆形，长10~15 cm，宽4~6 cm。伞房花序3~7个生于枝顶，呈复伞形花序状。蒴果长圆形，稍压扁，长约7 mm，2爿裂开，果爿薄木质，胎座基生；种子4粒；花期3~5月，果期5~11月。

生于山坡、路旁疏林或密林中；常见。 茎皮、叶入药，可用于黄疸、风湿痹痛、小儿惊风。

短萼海桐

Pittosporum brevicalyx (Oliv.) Gagnep.

常绿灌木或小乔木。叶簇生于枝顶；叶片薄革质，倒卵状披针形，长5~12 cm，宽2~4 cm。伞房花序3~5个生于枝顶叶腋内。蒴果近圆球形，压扁状，直径7~8 mm，2爿裂开；果爿薄；胎座位于果爿下半部；种子7~10粒。

生于山谷、山坡密林中；少见。　树皮、茎、叶、果实入药，具有消炎消肿、祛痰、镇咳、平喘的功效；根皮入药，具有活血调经、化瘀生新的功效。

卵果海桐

Pittosporum lenticellatum Chun ex H. Peng et Y. F. Deng

常绿灌木。叶簇生于枝顶；叶片硬革质，倒卵状披针形。花生于枝顶叶腋，排成伞形花序；花梗长1~1.5 cm，粗壮，被毛；花瓣离生；子房被毛。蒴果强烈压扁状，扁球形，直径1.3~1.6 cm，2爿裂开；种子16~24粒。花期3~5月，果期7~10月。

生于山坡、山顶疏林中；常见。　叶入药，具有止血的功效；根入药，可用于风湿骨痛、跌打损伤。

四子海桐

Pittosporum tonkinense Gagnep.

常绿灌木。顶芽及嫩枝有褐色柔毛，老枝秃净。叶聚生于枝顶；叶片硬革质，狭长圆形，长6~9 cm，宽2~3.5 cm。伞房花序或总状花序顶生，长约2 cm，有褐色柔毛；花梗长5~8 mm，被毛；子房被毛，胚座位于基部，胚珠4颗。蒴果球形，直径6~8 mm，无毛，2爿裂开；果爿薄，木质，内侧有横格；种子4粒。花期1~5月，果期1~10月。

生于山坡、山谷疏林中；常见。 全株入药，可用于风湿痹痛、胁痛。

大风子科 Flacourtiaceae

本科有80属500多种，主要分布于热带地区。我国有10属约24种；广西有7属21种；木论有3属4种1变种。

分属检索表

1. 果为浆果；种子无翅。
   2. 无刺植物；叶近集生于枝顶……………………………………………… 1. **山桂花属** *Bennettiodendron*
   2. 有刺植物；叶互生，不集生于枝顶 ………………………………………… 3. **柞木属** *Xylosma*
1. 果为蒴果；种子有翅……………………………………………………………… 2. **栀子皮属** *Itoa*

1. 山桂花属 *Bennettiodendron* Merr.

本属有2种或3种，分布于亚洲。我国有1种；广西木论亦有。

山桂花　大叶山桂花　短柄本勒木　疏花山桂花
Bennettiodendron leprosipes (Clos) Merr.

常绿灌木或小乔木。叶片倒卵状长圆形或长圆状椭圆形，边缘具粗齿和带不整齐的腺齿，两面无毛，侧脉5~10对。圆锥花序顶生，长5~10 cm，稀20 cm，多分枝；雄花的花丝有毛，伸出花冠；雌花的子房长圆形，无毛，不完全的3室。浆果熟时红色至黄红色，球形。花期2~6月，果期4~11月。

生于山坡、山谷疏林或密林中，或路旁灌丛中；常见。　全株入药，可用于消化不良。

2. 栀子皮属 *Itoa* Hemsl.

本属有2种，分布于亚洲。我国有1种；广西木论亦有。

栀子皮　伊桐　牛眼果　咪念怀

Itoa orientalis Hemsl.

落叶乔木。当年生枝有疏毛，老枝无毛。叶片椭圆形或卵状长圆形或长圆状倒卵形，边缘有钝齿，腹面脉上有疏毛，背面密生短柔毛，侧脉10~26对；叶柄有柔毛。花单性，雌雄异株，稀杂性；圆锥花序，顶生，有柔毛；雌花比雄花大，单生枝顶或叶腋；花瓣缺；萼片4枚，三角状卵形，外面有毡状毛；子房上位，圆球形。蒴果大，椭圆形，表面密被橙黄色茸毛，后变无毛。种子周围有膜质翅。花期5~6月，果期9~10月。

生于山谷、山坡疏林或密林中；常见。可作蜜源植物或庭园绿化树种；材质良好，可供建筑和器具等用；根入药，可用于风湿、跌打、贫血；枝叶入药，可用于肝硬化。

3. 柞木属 *Xylosma* G. Forst.

本属约有100种，分布于热带亚热带地区，少数种达暖温带南沿。我国有3种；广西均产；木论有2种1变种。

分种检索表

1. 叶片椭圆形至长圆形，侧脉5~7对；果不具宿存萼。
  2. 叶片两面、小枝无毛，或叶背疏被柔毛 ………………………………… **南岭柞木** *X. controversa*
  2. 叶片背面及小枝密被长柔毛………………………… **毛叶南岭柞木** *X. controversa* var. *pubescens*
1. 叶片长圆状披针形或披针形，侧脉7~11条；果具宿存萼 …………………… **长叶柞木** *X. longifolia*

南岭柞木　咪多鸡

Xylosma controversa Clos

常绿灌木或小乔木。小枝无毛或疏被柔毛。叶片椭圆形至长圆形，基部楔形，边缘有齿，两面无毛或背面疏被柔毛，侧脉5~7对，弯拱上升。总状或圆锥花序腋生；花序梗被棕色柔毛；花瓣无；花柱细长，柱头2裂。浆果圆形，具宿存花柱。花期4~5月，果期8~9月。

生于山谷或山坡密林；少见。 木材坚硬，纹理细密，可供家具等用；根、叶入药，具有清热、凉血、散瘀消肿、止痛、止血、接骨、催生、利窍的功效。

天料木科 Samydaceae

本科约有17属400种，主要分布于热带地区，少数产于亚热带地区。我国有2属18种；广西有2属15种；木论有1属1种。

脚骨脆属 *Casearia* Jacq.

本属约有180种，分布于美洲、非洲、亚洲及澳大利亚热带亚热带地区和太平洋岛屿。我国有11种；广西有4种；木论有1种。

毛叶脚骨脆　脚骨脆　毛叶嘉赐树

Casearia velutina Blume

灌木。小枝棕黄色，密生短柔毛，有棱脊。叶片卵状长圆形，稀卵形，基部圆形，边缘有锐齿，两面幼时有密的短柔毛，老时无毛或沿脉有毛，侧脉6~8对；叶柄被毛。花两性，淡紫色，数朵簇生于叶腋；无花序梗；花萼裂片5枚，外面有疏毛；花瓣缺；子房近圆形，上部稍有柔毛。花期12月，果期翌年春季。

生于山坡或山谷密林；少见。

西番莲科 Passifloraceae

本科约有16属660种，主要分布于热带亚热带地区，特别是北半球热带地区。我国有2属23种；广西有2属13种；木论有1属1种。

西番莲属 *Passiflora* L.

本属约有520种，主要分布于热带美洲和亚洲地区。我国有20种；广西有12种；木论有1种。

蝴蝶藤

Passiflora papilio H. L. Li

草质藤本。茎无毛，具纵条纹。叶片腹面光滑，背面微被白粉并密被细短柔毛，有6~8个腺体，先端叉状2裂；侧脉2~3对，网脉平行横出；叶柄近基部具2个杯状腺体。花序近无梗，成对生于卷须两侧，有5~8朵花，被棕色柔毛；花黄绿色；外副花冠裂片2轮，线状；内副花冠褶状；子房卵球形，无毛。浆果球形；果梗纤细，中部具关节。花期4~5月，果期6~7月。

生于山坡、山顶疏林或林缘路旁；少见。　全草入药，具有清热解毒、止血调经、散瘀消肿、镇痉止痛的功效。

葫芦科 Cucurbitaceae

本科有123属约800种，大多数分布于热带亚热带地区，少数种类散布至温带地区。我国有35属151种；广西有24属73种；木论有6属18种。

分属检索表

1. 花冠裂片边缘全缘或近全缘，不为流苏状。
  2. 雄蕊5枚，药室卵形而通直。
    3. 花丝贴合成柱状……………………………………………………1. **绞股蓝属** *Gynostemma*
    3. 花丝分离或仅在基部联合。
      4. 叶为单叶，边缘具齿，极少掌状分裂或趾状3~7片小叶 ………… 3. **赤瓟属** *Thladiantha*
      4. 叶为鸟足状3~11片小叶 ……………………………………………… 6. **雪胆属** *Hemsleya*
  2. 雄蕊3枚，若有5枚者则其药室曲折。
    5. 花和果中型或大型；花梗上有盾状苞片；果表面常有明显的瘤状突起………………………
    ……………………………………………………………………………… 2. **苦瓜属** *Momordica*
    5. 花和果均小型；花梗上无盾状苞片；果表面无瘤状突起……………… 5. **马㼎儿属** *Zehneria*
1. 花冠裂片边缘流苏状；草质藤本…………………………………………… 4. **栝楼属** *Trichosanthes*

1. 绞股蓝属 *Gynostemma* Bl.

本属约有17种，产于亚洲热带地区至亚洲东部，自喜马拉雅至日本、马来群岛和新几内亚岛。我国有14种；广西有6种；木论有4种，其中1种有待研究确定，在此暂不描述。

分种检索表

1. 小叶3片，两面光滑无毛 ……………………………………………… **光叶绞股蓝** *G. laxum*
1. 小叶5~7片，稀3片，两面被柔毛和疏生短刚毛。
  2. 叶由7片小叶组成；果压扁状，倒三角形……………………………**扁果绞股蓝** *G. compressum*
  2. 叶具3~9片小叶，通常5~7小叶；果球形 …………………………… **绞股蓝** *G. pentaphyllum*

光叶绞股蓝

Gynostemma laxum (Wall.) Cogn.

攀缘草本。茎细弱，多分枝。叶纸质，鸟足状复叶，具小叶3片；中央小叶片长圆状披针形；侧生小叶卵形，较小，两面无毛。花雌雄异株；雄圆锥花序顶生或腋生；花萼5裂，裂片狭三角状卵形；花冠黄绿色，5深裂，裂片狭卵状披针形；雄蕊5枚，花丝合生；雌花序同雄花序；子房球形，花柱3裂，离生。浆果球形，熟时黄绿色。种子阔卵形。花期8月，果期8~9月。

生于山坡疏林或密林中；少见。　全草、根状茎入药，具有清热解毒、消炎、止咳的功效。

扁果绞股蓝 美七脉

Gynostemma compressum X. X. Chen et D.R.Liang

草质攀缘藤本。茎无毛。卷须先端通常二叉。鸟足状复叶由7片小叶组成；小叶片边缘具圆齿，齿端具小尖头，腹面疏被柔毛，背面沿中脉和侧脉疏被柔毛；两侧小叶较小，外侧稍偏斜。花单性，雌雄异株，雄花总状式分枝排成圆锥状花序，腋生，花序梗无毛；雌花单生或双生于叶腋。果压扁状，无毛，倒三角形，具宿存花冠和花柱；果梗线状，长1.3~2.5 cm。花期3~4月，果期3~5月。

生于山谷密林中或林缘阴湿处；少见。　全草入药，作“绞股蓝”，壮族民间用于慢性肝炎及慢性支气管炎。

绞股蓝

Gynostemma pentaphyllum (Thunb.) Makino

草质攀缘植物。茎无毛或疏被短柔毛。卷须2歧，稀单一，无毛或基部被短柔毛。鸟足状复叶，具3~9片小叶；小叶片边缘具波状齿或圆齿状齿，两面均疏被短硬毛。花雌雄异株；雄花圆锥花序；花冠淡绿色或白色，5深裂，裂片卵状披针形；雌花圆锥花序远较雄花之短小；子房球形，花柱3枚，柱头2裂。果球形，肉质，不裂，光滑无毛。花期3~11月，果期4~12月。

生于山谷、山坡密林中；少见。　全草或根状茎入药，具有清热解毒、消炎、止咳祛痰的功效，可用于慢性支气管炎、咳嗽、传染性肝炎、肾盂炎、小便淋痛、梦遗滑精、胃肠炎等。

2. 苦瓜属 *Momordica* L.

本属有45种，多数种类分布于非洲热带地区，少数种类在温带地区有栽培。我国有3种；广西3种均产；木论有2种。

分种检索表

1. 叶柄无腺体；果外面密被柔软的长刺……………………………………凹萼木鳖 *M. subangulata*
1. 叶柄具2~5个腺体；果外面密生具刺尖的突起………………………… 木鳖子 *M. cochinchinensis*

凹萼木鳖

Momordica subangulata Blume

攀缘草本。茎、枝光滑无毛或在节处有短的微柔毛。卷须丝状，不分歧。叶片边缘有小齿或有角，常不分裂，稀3~5浅裂，基部心形，弯缺近方形，掌状脉。雌雄异株；雄花单生于叶腋；花冠黄色；雌花花梗长5~6 cm。果卵球形或卵状长圆形，外面密被柔软的长刺；果梗无毛。花期6~8月，果期8~10月。

生于山坡疏林中或山谷平地；少见。根入药，可用于痄腮、咽喉肿痛、目赤、疮疡肿毒、瘰疬；卷须入药，可用于月经不调。

木鳖子 木鳖

Momordica cochinchinensis (Lour.) Spreng.

粗壮大藤本。具块状根。卷须不分歧。叶片卵状心形或宽卵状圆形，3~5中裂至深裂或不分裂，基部心形，弯缺半圆形；叶柄粗壮，基部或中部有2~4个腺体。雌雄异株；雄花单生或有时3~4朵着生；花冠黄色；雄蕊3枚；雌花单生于叶腋；子房卵状长圆形，外面密生刺状毛。果实卵球形，熟时红色，外面密生具刺尖的突起。种子卵形或方形。花期6~8月，果期8~10月。

生于路旁灌丛或山坡疏林；少见。 根、叶、种子入药，具有散结消肿、攻毒疗疮、止痛的功效，可用于疮疡肿毒、乳痈瘰疬、痔疮、头癣秃疮等。

3. 赤瓟属 *Thladiantha* Bunge

本属有23种，分布于中国、不丹、印度、印度尼西亚、日本、朝鲜、老挝、缅甸、泰国、越南。我国有23种；广西有8种；木论有2种，其中1种有待研究确定，在此暂不描述。

大苞赤瓟

Thladiantha cordifolia (Bl.) Cogn.

攀缘藤本。卷须单一，近无毛。叶片卵状心形，边缘有稀疏的胼胝质小细齿，基部心形，弯缺开张，半圆形，腹面初时生白色短刚毛，后断裂，残留基部呈疣状突起。雌雄异株；雄花在叶腋内单生或3~5朵聚生于一长2~3 cm的花序梗顶端，排成密集的总状花序；花冠黄色；雌花单生于叶腋。果卵球形或球形，外面被淡黄色的绵毛；果梗无毛。花果期夏秋季。

生于山坡疏林中或山谷；少见。　全草入药，可用于深部脓肿、各种化脓性感染、骨髓炎；块根入药，具有消炎解毒的功效。

4. 栝楼属 *Trichosanthes* L.

本属约有100种，分布于亚洲东南部，由此向南经马来西亚至澳大利亚北部，向北经中国至朝鲜、日本。我国有33种；广西有21种；木论有8种，其中1种有待研究确定，在此暂不描述。

分种检索表

1. 叶片背面密被短茸毛。
  2. 叶片不分裂；花序梗长不及2 cm ……………………………………………… **短序栝楼** *T. baviensis*
  2. 叶片常3~5浅裂或深裂，稀不裂；花序梗长7~20 cm。
    3. 雄花苞片全缘；萼片线形…………………………………………………… **王瓜** *T. cucumeroides*
    3. 雄花苞片先端齿裂；萼片卵状披针形……………………………………… **全缘栝楼** *T. ovigera*
1. 叶片背面无毛，或除沿脉被弯曲刚毛和具圆糙点外，余无毛。
  4. 叶片掌状5~7深裂；花冠淡红色；果熟时红色……………………………… **糙点栝楼** *T. dunniana*
  4. 叶为指状复叶或不分裂，或3浅裂至深裂。
    5. 指状复叶具3~5片小叶；花冠裂片先端流苏状…………………………… **趾叶栝楼** *T. pedata*
    5. 叶片不分裂，3~5浅裂至深裂；花冠裂片不为流苏状。
      6. 叶片不分裂或3浅裂至深裂，基部截形，两面无毛 ………………… **截叶栝楼** *T. truncata*
      6. 叶片3~5浅至中裂，常3浅裂，基部深心形，弯缺深2~3 cm，两面仅沿脉被短柔毛，或有时具缘毛 ……………………………………………………………… **马干铃栝楼** *T. lepiniana*

王瓜 野西瓜

Trichosanthes cucumeroides (Ser.) Maxim.

多年生攀缘藤本。茎具纵棱及槽，被短柔毛。卷须二歧，被短柔毛。叶片常3~5浅裂至深裂，或有时不分裂，基部深心形，弯缺深2~5cm，腹面被短茸毛及疏散短刚毛，背面密被短茸毛，基出脉5~7条。花雌雄异株；花冠白色，裂片具极长的丝状流苏。果熟时橙红色，表面平滑，两端圆钝，具喙。种子横长圆形，表面具瘤状突起。花期5~8月，果期8~11月。

生于山谷密林、山坡疏林或灌丛中；少见。 根、果实入药，具有清热解毒、利尿消肿、散瘀止痛的功效；种子入药，具有清热、凉血的功效。

趾叶栝楼

Trichosanthes pedata Merr. et Chun

草质攀缘藤本。茎无毛或仅节上被短柔毛。卷须具条纹，二歧。指状复叶具小叶3~5片；小叶边缘具疏离细齿，腹面幼时被短硬毛，后变为白色圆糙点，背面无毛。雄总状花序长14~19 cm；花冠白色，裂片先端具流苏；雌花单生；子房卵形，无毛。果球形，熟时橙黄色，表面光滑无毛。种子卵形，膨胀，灰褐色。花期6~8月，果期7~12月。

生于山坡疏林及山谷密林中；罕见。 根、果实入药，具有清热化痰、生津止渴、降火润肠的功效；种子入药，具有宽胸、散结、润肠的功效。

截叶栝楼

Trichosanthes truncata C. B. Clarke

草质攀缘藤本。茎无毛或仅节上有毛。卷须二至三歧，具纵条纹。叶片卵形、狭卵形或宽卵形，不分裂或3浅裂至深裂，边缘具波状齿或疏离的短尖头状细齿，基部截形，两面无毛，基出脉3~5条。花雌雄异株；雄花排成总状花序；花冠白色，外面被短茸毛，裂片扇形；雌花单生；子房椭圆形，外面被棕色短柔毛。果椭圆形，光滑，熟时橙黄色。种子卵形或长圆状椭圆形，浅棕色或黄褐色。花期4~5月，果期7~8月。

生于山坡灌丛；少见。　种子入药，具有润肺、化痰、滑肠的功效，可用于痰热咳嗽、燥结便秘、痈肿、乳少。

5. 马㼎儿属 *Zehneria* Endl.

本属约有55种，分布于非洲和亚洲热带亚热带地区。我国有4种；广西有3种；木论有1种。

钮子瓜

Zehneria maysorensis (Wight et Arn.) Arn.

草质藤本。茎、枝无毛或稍被长柔毛。卷须单一，无毛。叶片腹面粗糙，被短糙毛，基部弯缺半圆形，稀近截平，边缘有小齿或深波状齿，不分裂或有时3~5浅裂，具掌状脉。雌雄同株；雄花常3~9朵生于花序梗顶端，排成近头状或伞房状花序；花冠白色；雌花单生，稀几朵生于总梗顶端或极稀雌雄同序。果浆圆形，表面光滑无毛。花期4~8月，果期8~11月。

生于山坡疏林、灌丛中或林缘；少见。　全草或果实、根入药，具有清热利湿、镇痉、消肿散瘀、化痰、利尿的功效。

6. 雪胆属 *Hemsleya* Cogn. ex F. B. Forbes et Hemsl.

本属约有27种，分布于亚洲热带和亚热带地区。我国有25种；广西有4种；木论有1种。

马铜铃 纤花金盆 雪胆

Hemsleya graciliflora (Harms) Cogn.

多年生攀缘草本。小枝纤细，具棱槽，疏被微柔毛及细刺毛，老时近光滑无毛。卷须疏被微柔毛，先端二歧。鸟足状复叶多为7片小叶；小叶片基部楔形，边缘圆齿状，沿脉疏被细刺毛。雌雄异株；雄花腋生，排成聚伞圆锥花序，花序梗及分枝密被短柔毛；花冠浅黄绿色；雌花花柱3枚，柱头2裂。果筒状倒圆锥形，长2.5~3.5 cm，表面具10条细纹。种子长圆形，周生1.5~2 mm宽的木栓质翅，外有乳白色膜质边。花期6~9月，果期8~11月。

生于山坡、山谷密林下或林缘阴湿处；少见。 块根入药，具有清热解毒、抗菌消炎、消肿止痛的功效；果实入药，具有化痰止咳的功效。

秋海棠科 Begoniaceae

本科有2~3属1400多种，广泛分布于热带亚热带地区。我国有1属173种；广西有82种；木论有5种。

秋海棠属 *Begonia* L.

本属有1400多种，广泛分布于热带亚热带地区，尤以中美洲、南美洲最多。

分种检索表

1. 叶片非盾状着生。
  2. 植株无茎或具极短缩的茎，叶基生。
    3. 叶片边缘具长缘毛……………………………………………… 靖西秋海棠 *B. jingxiensis*
    3. 叶片边缘无缘毛……………………………………………………… 长柄秋海棠 *B. smithiana*
  2. 具明显的地上茎和茎生叶。
    4. 叶片浅裂…………………………………………………………………… 食用秋海棠 *B. edulis*
    4. 叶片不分裂；叶柄基部通常具珠芽…………………………………… 秋海棠 *B. grandis*
1. 叶片盾状着生…………………………………………………………………… 昌感秋海棠 *B. cavaleriei*

靖西秋海棠

Begonia jingxiensis D. Fang et Y. G. Wei

多年生草本。根状茎匍匐。叶基生；叶片斜宽卵形或近圆形，背面纤维状，脉上具长柔毛，毛最初带白色，后变锈色，腹面有时具白色或浅马蹄形斑点，基部心形，边缘具不规则齿和长缘毛，基出脉5~8条；叶柄长3~16 mm，具粗毛，后毛脱落。花序腋生；花序梗无毛或近无毛；苞片长圆形至椭圆形，边缘疏生具腺毛。蒴果具不等长3翅；背面翅月形或近舌状。花期6~12月，果期8~12月。

生于石灰岩石山山坡或山谷阴湿石上或崖壁；少见。　花色艳丽，可作观赏植物。

长柄秋海棠

Begonia smithiana T. T. Yü ex Irmsch.

多年生草本。叶多基生，具长柄；叶片两侧极不对称，边缘有齿并不规则浅裂，裂片三角形至宽三角形，腹面带紫红色，散生短硬毛，背面亦常带紫红色，基出脉6~7条。花葶近无毛；花粉红色，排成二歧聚伞状；雄花花被片4枚，外面2枚，外面中间部分被刺毛，内面2枚，无毛；雌花花被片3(4)枚。蒴果下垂，倒卵球形，外面被毛，具3枚不等的翅，均无毛。花期8月，果期9月。

生于沟谷阴湿处；少见。 根状茎入药，具有清热止痛、止血的功效，可用于跌打损伤、筋骨疼痛、血崩、毒蛇咬伤。

食用秋海棠

Begonia edulis Lévl.

多年生草本。茎粗壮，有沟纹和疣点。叶片基部略不对称，心形至深心形，腹面被短小硬毛和稍长硬毛，老时毛减少，背面近无毛或沿脉有疏而短的毛，常在掌状脉的基部较密，掌状脉6~8条。雄花粉红色，常4~6朵，排成二回至三回二歧聚伞花序；花被片4枚。蒴果下垂，具不等的3翅，大的翅长圆形至似镰刀状。花期6~9月，果期8月开始。

生于山坡水沟边岩石上、山谷潮湿处；常见。　可作观赏植物；根状茎入药，具有清热解毒、凉血润肺的功效。

秋海棠　八月春　相思草

Begonia grandis Dry.

多年生草本。根状茎近球形；茎直立，有分枝，有纵棱，近无毛。茎生叶互生；叶片两侧不对称，轮廓宽卵形至卵形，基部心形，偏斜，边缘具不等大的三角形浅齿，齿尖带短芒，并常呈波状或宽三角形的极浅齿，腹面常有红晕，背面色淡，带红晕或紫红色，沿脉散生硬毛或近无毛，基出脉7~9条，带紫红色；叶柄有棱，近无毛。花葶高7~9 cm，有纵棱，无毛；花粉红色，排成二回至四回二歧聚伞花序；花序梗有纵棱，均无毛。蒴果下垂，长圆形，无毛，具不等大的3枚翅；果梗长3.5 cm，无毛。花期7月开始，果期8月开始。

生于山坡或山谷阴湿处；少见。　花色艳丽，可作为观赏植物；块茎入药，具有清热止血、活血化瘀的功效；茎、叶入药，具有消肿止痛、健胃行血的功效。

昌感秋海棠

Begonia cavaleriei H. Lév.

多年生草本。叶盾形，全部基生；叶片两侧略不相等，近圆形，边缘全缘常带浅波状，脉自叶柄顶端放射状发出，6~8条，中部以上分叉。花葶高约20 cm，有棱，无毛；花淡粉红色，排成聚伞花序；雄花花被片4枚；雌花花被片3枚，外面2枚宽卵形或近圆形，内面1枚长圆形；子房长圆形，无毛，花柱3枚。蒴果下垂，长圆形，无毛，具不等大的3枚翅，翅呈新月形。花期5~7月，果期7月开始。

生于山坡、山谷疏林中或林缘；少见。全株入药，具有祛瘀止血、消肿止痛的功效，可用于骨折、跌打损伤、痈疖疮肿、感冒、咽喉肿痛、肺结核、咳嗽、食滞等。

仙人掌科 Cactaceae

本科约有110属1000种，分布于美洲热带至温带地区，间断分布于中美洲及南美洲北部、非洲东部热带及马达加斯加等。我国约有60属600种，多为引种栽培；广西有3属6种；木论有1属1种。

仙人掌属 *Opuntia* Tourn. ex Mill.

本属约有90种，原产于美洲热带至温带地区。我国引种栽培约30种；广西有4种；木论有1变种。

仙人掌

Opuntia dillenii (Ker Gawl.) Haw.

肉质丛生灌木。小窠疏生，明显突出，成长后刺常增粗并增多，密生短绵毛和倒刺刚毛；叶钻形。花辐状；萼状花被片宽倒卵形至狭倒卵形，黄色，具绿色中肋；瓣状花被片倒卵形或匙状倒卵形，边缘全缘或浅啮蚀状；花丝淡黄色；柱头5枚，黄白色。浆果倒卵球形，顶部凹陷，表面平滑无毛，熟时紫红色，每侧具5~10个突起的小窠；小窠具短绵毛、倒刺刚毛和钻形刺。花期6~12月。

生于路旁灌丛中；保护区内有零星栽培。 通常栽作围篱；浆果酸甜可食。全株入药，具有行气活血、清热解毒、消肿止痛、健胃镇咳的功效。

山茶科 Theaceae

本科有20属600多种，主要分布于亚洲热带亚热带地区。我国有13属276种；广西有13属184种；木论有3属9种。

分属检索表

1. 花两性，直径大于2 cm；雄蕊多轮，花药短，常为背着药，花丝长；蒴果。
   2. 萼片常多于5枚；花瓣5~14片；蒴果中轴脱落；种子无翅 ………………… 1. **山茶属** *Camellia*
   2. 萼片5枚；花瓣5片；蒴果开裂后中轴宿存；种子较小，有翅 ………………… 3. **木荷属** *Schima*
1. 花单性异株，直径小于2 cm；雄蕊1轮，花药长，基着药，花丝短；浆果…… 2. **柃木属** *Eurya*

1. 山茶属 *Camellia* L.

本属约有120种，分布于中国、不丹、柬埔寨、印度东北部、日本南部、韩国、老挝、马来西亚、缅甸、尼泊尔、菲律宾、泰国、越南。我国有97种；广西有78种；木论有2种。

分种检索表

1. 萼片背面有短柔毛……………………………………………………………… **贵州连蕊茶** *C. costei*
1. 萼片背面无毛或仅有睫毛……………………………………………… **川鄂连蕊茶** *C. rosthorniana*

贵州连蕊茶

Camellia costei H. Lév.

灌木或小乔木。嫩枝有短柔毛。叶片革质，卵状长圆形，长4~7 cm，宽1.3~2.6 cm，边缘有钝齿，齿刻相隔1~3 mm，中脉有残留短毛，侧脉约6对；叶柄长2~4 mm，有短柔毛。花顶生和腋生，大小不一，有苞片4~5枚；花萼杯状，裂片5枚，先端有毛；花冠白色，花瓣5片，基部3~5 mm与雄蕊连生；子房无毛，花柱长10~17 mm。蒴果圆形，直径11~15 mm，有种子1粒。花期1~2月。

生于山坡路旁、水边或路旁疏林中；少见。　全株入药，具有健脾消食、滋补强壮的功效，可用于虚弱消瘦。

2. 柃木属 *Eurya* Thunb.

本属约有130种，分布于中国、不丹、柬埔寨、印度东北部、印度尼西亚、日本、老挝、马来西亚、缅甸、尼泊尔、菲律宾、斯里兰卡、泰国、越南及朝鲜半岛、太平洋岛屿。我国有83种；广西有39种；木论有5种。

分种检索表

1. 嫩枝被短柔毛或微毛。
  2. 子房外面被柔毛……………………………………………………… **尖叶毛柃** *E. acuminatissima*
  2. 子房外面无毛。
    3. 花1~4朵簇生于叶腋，花梗长2~3 mm；叶背干后常变为红褐色 ………**细枝柃** *E. loquaiana*
    3. 花4~7朵簇生于叶腋，花梗长约1 mm；叶背干后不变为红褐色 …… **微毛柃** *E. hebeclados*
1. 嫩枝被开展长柔毛。
  4. 子房及果实外面密被长柔毛……………………………………………………… **华南毛柃** *E. ciliata*
  4. 子房及果实无毛或仅子房上部疏被短柔毛……………………………………… **岗柃** *E. groffii*

岗柃

Eurya groffii Merr.

灌木或小乔木。嫩枝密被黄褐色披散柔毛；小枝红褐色或灰褐色，被短柔毛或几无毛。叶片边缘密生细齿，腹面无毛，背面密被贴伏短柔毛；叶柄密被柔毛。花1~9朵簇生于叶腋；雄花萼片5枚，先端有小突尖，外面密被黄褐色短柔毛；花瓣5片，白色；退化子房无毛；雌花子房3室，无毛，花柱3裂或3深裂几达基部。果圆球形，熟时黑色。花期9~11月，果期翌年4~6月。

生于山坡疏林中；少见。 根、叶入药，具有消肿止痛、镇咳祛痰的功效。

3. 木荷属 *Schima* Reinw.

本属约有20种，分布于不丹、柬埔寨、印度东北部、印度尼西亚、日本、老挝、马来西亚、缅甸、尼泊尔、泰国和越南。我国有13种；广西有8种；木论有2种。

分种检索表

1. 叶片边缘具钝齿……………………………………………………………………木荷 *S. superba*
1. 叶片边缘全缘………………………………………………………………… 红木荷 *S. wallichii*

木荷

Schima superba Gardner et Champ.

大乔木。嫩枝通常无毛。叶片腹面干后发亮，边缘有钝齿，背面无毛，侧脉7~9对；叶柄长1~2 cm。花白色，生于枝顶叶腋，常多朵排成总状花序；苞片2枚，贴近萼片；萼片外面无毛，内面有绢毛；花瓣最外一片风帽状，边缘多少有毛；子房表面有毛。蒴果直径1.5~2 cm。花期6~8月。

生于山坡疏林中或林缘；少见。 既是优良的防火林树种，又是优良的绿化、用材树种。根皮具有清热解毒、利水消肿、催吐的功效。

猕猴桃科 Actinidiaceae

本科有33属约357种，分布于亚洲和美洲。我国有3属66种；广西2属36种；木论有1属1变种。

猕猴桃属 *Actinidia* Lindl.

本属约有55种，分布于亚洲东部和南部地区。我国有52种；广西有35种；木论有1变种。

异色猕猴桃

Actinidia callosa Lindl. var. *discolor* C. F. Liang

大型落叶藤本。芽体被锈色茸毛。叶片卵形、阔卵形、倒卵形或椭圆形，基部阔楔形至圆形或截形至心形，边缘有芒刺状小齿或普通斜齿乃至粗大的重齿，腹面无毛，背面无毛或仅脉腋处有髯毛，侧脉6~8对；叶柄水红色，无毛。花序有花1~3朵；花白色；花瓣5片，倒卵形；子房近球形，外面被灰白色茸毛。果近球形至卵珠形或乳头形，表面有显著的淡褐色圆形斑点，熟时墨绿色。

生于山坡、山谷疏林或灌丛中；少见。　根皮入药，具有清热、消肿的功效，可用于全身肿胀、背痈红肿、肠痈腹痛等。

水东哥科 Saurauiaceae

本科有1属，即水东哥属 *Saurauia*，约有300种，分布于亚洲热带和亚热带地区及美洲。我国有13种；广西有5种；木论有2种。

分种检索表

1. 叶片腹面侧脉间只有1行纵向刚毛，毛稀且少；圆锥花序长8~12 cm，具花13朵左右……聚锥水东哥 *S. thyrsiflora*
1. 叶片腹面侧脉间有2~3行纵向刚毛，毛显著；聚伞花序长约3 cm，有花1~3朵… 水东哥 *S. tristyla*

聚锥水东哥

Saurauia thyrsiflora C. F. Liang et Y. S. Wang

灌木或小乔木。小枝被糠秕状茸毛和钻状鳞片。叶片边缘具细齿，齿端具刺尖，侧脉12~15对；幼叶两面有星散的褐色短茸毛；老叶仅背面脉上疏生短柔毛，两面中侧脉偶有间疏生短的偃伏刺毛；叶柄被褐色短柔毛和钻状鳞片。聚伞圆锥花序单生于叶腋，被褐色短柔毛和钻状鳞片；花淡红色；花瓣5片，基部合生。果近球形，有不明显的5棱。花果期5~12月。

生于山谷、路旁疏林中；少见。 果甜，可食；根入药，可用于小儿麻疹；叶入药，可用于烧烫伤，亦可作饲料。

水东哥　鼻涕果　水枇杷

Saurauia tristyla DC.

灌木或小乔木。小枝淡红色，粗壮，被爪甲状鳞片。叶片纸质或薄革质，倒卵状椭圆形，先端偶有尖头，基部阔楔形，边缘具刺状锯齿；叶柄具钻状刺毛。花序聚伞式，被茸毛和钻状刺毛，分枝处有苞片2~3片；苞片卵形；花粉红色或白色；花瓣卵形，先端反卷；花柱3~4枚，下部合生。果球形，白色、绿色或淡黄色。花果期3~12月。

生于山坡、山谷林下和灌丛中；少见。　根、叶入药，具有清热解毒、止咳、止痛的功效。

桃金娘科 Myrtaceae

本科有130属4500~5000种，主产于澳大利亚及美洲热带和亚热带地区。我国有10属121种；广西有10属68种；木论有3属7种。

分属检索表

1. 叶具羽状脉，侧脉通常在近叶缘联合成边脉。
   2. 果具多数种子；种皮坚硬……………………………………………… 1. **子楝树属** *Decaspermum*
   2. 果具1~2粒种子；种皮薄膜状……………………………………………… 3. **蒲桃属** *Syzygium*
1. 叶具离基3~5出脉……………………………………………………… 2. **桃金娘属** *Rhodomyrtus*

1. 子楝树属 *Decaspermum* J. R. Forst et G. Forst.

本属约有30种，分布于亚洲东北部、太平洋诸岛及澳大利亚。我国有8种；广西有2种；木论有1种。

子楝树

Decaspermum gracilentum (Hance) Merr. et L. M. Perry

灌木至小乔木。嫩枝被灰褐色或灰色柔毛，有钝棱。叶片初时两面有柔毛，后渐无毛，背面有细小腺点。聚伞花序腋生，有时为短小的圆锥状花序；花序梗有紧贴柔毛；花白色，3基数；萼片有睫毛；花瓣倒卵形，外面有微毛。浆果表面有柔毛，有种子3~5粒。花期3~5月。

生于山坡、山顶、山谷疏林或密林中；常见。　叶、果实入药，具有理气止痛、芳香化湿的功效；根入药，具有止痛、止痢的功效。

2. 桃金娘属 *Rhodomyrtus*（DC.）Reich.

本属约有18种，分布于亚洲热带地区和大洋洲。我国仅1种；木论亦有。

桃金娘　稔子　山稔子　酒饼果

Rhodomyrtus tomentosa (Aiton) Hassk.

灌木。嫩枝有灰白色柔毛。叶对生；叶片腹面无毛，背面有灰色茸毛，具离基三出脉，边脉离边缘3~4 mm。花紫红色；萼筒倒卵形，外面有灰茸毛；萼裂片5枚；花瓣5片，倒卵形；子房下位，3室。浆果卵状壶形，熟时紫黑色。花期4~5月，果期8~9月。

生于山坡或路旁疏林中；少见。　果实味甜，可食，人们常用于浸泡酒；果实入药，具有补血、滋养、安胎的功效。

3. 蒲桃属 *Syzygium* Gaertn.

本属约有1200种，主要分布于亚洲热带地区，少数分布于大洋洲和非洲。我国约有80种；广西有33种；木论有4种。

分种检索表

1. 小枝具棱角。
  2. 叶片椭圆形或阔椭圆形，叶片宽通常在2 cm以上。
    3. 叶片先端钝或凹陷……………………………………………………………赤楠 *S. buxifolium*
    3. 叶片先端渐尖……………………………………………………… **华南蒲桃** *S. austrosinense*
  2. 叶片披针形或狭窄长圆形，宽1~1.8 cm ………………………………………**贵州蒲桃** *S. handelii*
1. 小枝圆柱形。
  4. 叶片宽2.5~3.5 cm，先端长渐尖；叶柄长7~9 mm ……………………**红枝蒲桃** *S. rehderianum*
  4. 叶片宽0.7~1.4 cm，先端钝或略圆；叶柄长约2 mm …………………… **水竹蒲桃** *S. fluviatile*

赤楠

Syzygium buxifolium Hook. et Arn.

灌木或小乔木。嫩枝有棱。叶片基部阔楔形或钝，背面有腺点，侧脉多而密，在离边缘1~1.5 mm处结合成边脉。聚伞花序顶生，有花数朵；萼管倒圆锥形，萼齿浅波状；花瓣4片；花柱与雄蕊等长。果球形。花期6~8月。

生于山坡疏林中；少见。 根或根皮入药，具有清热解毒、利尿平喘的功效；叶入药，可用于瘰疽、疔疮、漆疮、烧烫伤。

华南蒲桃

Syzygium austrosinense (Merr. et Perry) Chang et Miau

灌木或小乔木。嫩枝有4棱。叶片革质，椭圆形，长4~7 cm，宽2~3 cm，先端尖锐或稍钝，基部阔楔形，腹面有腺点，背面腺点突起；侧脉相隔1.5~2 mm，以70° 开角斜出，边脉离边缘不到1 mm。聚伞花序顶生或近顶生，长1.5~2.5 cm；萼片4枚，短三角形；花瓣分离，倒卵圆形；花柱长3~4 mm。果球形，宽6~7 mm。花期6~8月。

生于山坡疏林中或林缘；少见。　可作庭园绿化树种；亦可材用；全株入药，具有收敛、涩肠止泻的功效。

野牡丹科 Melastomataceae

本科有182属4570多种，分布于热带和亚热带地区。我国有25属约156种；广西有17属79种；木论有6属12种。

分属检索表

1. 叶具基出脉，侧脉多数，互相平行，与基出脉近垂直；子房2室至多室，胚珠多数；种子多数，长约1 mm。
    2. 种子不弯曲，呈长圆形、倒卵形、楔形或倒三角形；宿存萼及果有棱。
        3. 子房顶部具膜质冠，冠缘通常具毛；宿存萼常与果体等长，上部不缢缩。
            4. 雄蕊4长4短，长雄蕊的花药基部具小瘤 ………………………… 1. **野海棠属** *Bredia*
            4. 雄蕊等长或近等长，花药较长，披针形 ………………………… 6. **锦香草属** *Phyllagathis*
        3. 子房顶部无膜质冠，具小突起或小齿；宿存萼常比果长，上部缢缩成瓶形；雄蕊8枚，异型，不等长；大型圆锥状复伞房花序 ………………………… 5. **尖子木属** *Oxyspora*
    2. 种子弯曲呈马蹄形；宿存萼及果无明显的棱。
        5. 雄蕊异型，不等长 ………………………… 2. **野牡丹属** *Melastoma*
        5. 雄蕊同型，等长 ………………………… 4. **金锦香属** *Osbeckia*
1. 叶具羽状脉，侧脉通常不超过10对，有时不明显；子房1室，胚珠约9颗，特立中央胎座；种子1粒，直径4 mm以上 ………………………… 3. **谷木属** *Memecylon*

1. 野海棠属 *Bredia* Blume

本属约有15种，分布于印度至亚洲东部。我国约有11种；广西有7种；木论有3种。

分种检索表

1. 叶片背面密被微柔毛或被疏长柔毛及柔毛。
    2. 叶片心形、椭圆状心形至卵状心形，两面被疏长柔毛及柔毛 ………………… **叶底红** *B. fordii*
    2. 叶片卵形或椭圆状卵形，腹面被微柔毛及疏糙伏毛或长柔毛，背面密被微柔毛 ………………………… **长萼野海棠** *B. longiloba*
1. 叶片背面仅脉上被疏糙伏毛及微柔毛，其余部位无毛 ………………… **红毛野海棠** *B. tuberculata*

叶底红

Bredia fordii (Hance) Diels

小灌木、半灌木或近草本。茎幼时四棱形，上部与叶柄、花序、花梗及花萼均密被柔毛及长腺毛。叶片心形、椭圆状心形至卵状心形，基部圆形至心形，两面被疏长柔毛及柔毛，边缘具细重齿牙及缘毛和短柔毛，基出脉7~9条。伞形或聚伞花序，或由聚伞花序再排成圆锥花序，顶生；花瓣紫色或紫红色；雄蕊等长。蒴果杯形，为宿存萼所包；宿存萼顶部平截，冠以宿存萼裂片，被刺毛。花期6~8月，果期8~10月。

生于山坡疏林或石缝、路旁灌丛中；少见。　全株入药，具有止痛、止血、祛瘀的功效，捣碎外敷治烧烫伤，煎水洗治疥疮。

2. 野牡丹属 *Melastoma* L.

本属约有70种，分布于热带亚洲和大洋洲。我国有9种；广西有6种；木论有2种。

分种检索表

1. 植株矮小，茎匍匐上升，常逐节生不定根，高0.1~0.3 m …………………… **地菍** *M. dodecandrum*
1. 植株直立，茎高0.5~1 m，稀2~3 m ………………………………………… **野牡丹** *M. malabathricum*

地菍

Melastoma dodecandrum Lour.

小灌木。茎匍匐上升，逐节生不定根，披散。叶片卵形或椭圆形，边缘全缘或具密浅细齿，腹面通常仅边缘被糙伏毛，有时基出脉行间被1~2行疏糙伏毛，背面仅沿基部脉上被极疏糙伏毛，基出脉3~5条。聚伞花序顶生，有花1~3朵；花瓣淡紫红色至紫红色，菱状倒卵形，顶端有1束刺毛；子房下位，顶部具刺毛。果坛状球形，肉质，不开裂；宿存萼外面被疏糙伏毛。花期5~7月，果期7~9月。

生于路旁灌丛中；少见。　果可食，亦可酿酒；全株入药，具有涩肠止痢、舒筋活血、补血安胎、清热燥湿的功效；根可解木薯食后中毒。

野牡丹

Melastoma malabathricum L.

灌木。茎钝四棱形或近圆柱形，密被紧贴的鳞片状糙伏毛；毛扁平状，边缘流苏状。叶片基部圆形或近楔形，腹面密被糙伏毛，基出脉下凹，背面被糙伏毛及密短柔毛，基出脉隆起，侧脉微隆起，脉上糙伏毛较密。伞房花序生于分枝顶端，近头状；花瓣粉红色至红色，倒卵形。蒴果坛状球形，与宿存萼贴生；种子镶于肉质胎座内。花期2~5月，果期8~12月。

生于山坡林缘、路旁、沟边灌丛中；少见。果可食；根、叶入药，具有清热利湿、消肿止痛、散瘀止血的功效。

3. 谷木属 *Memecylon* L.

本属约有300种，分布于非洲、亚洲及澳大利亚热带地区，其中以亚洲东南部、太平洋诸岛为多。我国有11种；广西有3种；木论有1种。

细叶谷木　螺丝木　铁树

Memecylon scutellatum (Lour.) Hook. et Arn.

灌木或小乔木。叶片椭圆形至卵状披针形，边缘全缘，两面无毛，密布小突起，粗糙，边缘反卷，腹面中脉下凹，侧脉不明显。聚伞花序腋生；花梗基部常具刺毛；花瓣紫色或蓝色；雄蕊长约3 mm。浆果状核果球形，表面密布小疣状突起，顶部具环状宿存萼檐。花期（3）6~8月，果期（11）翌年1~3月。

生于山坡疏林或密林中；常见。　本种姿态婆娑，叶小、厚，略有肉质感，可作盆栽；木材结构细、坚硬，可作细工用材；叶入药，具有解毒消肿的功效，外用治疮痈肿毒、溃疡。

4. 金锦香属 *Osbeckia* L.

本属约有50种，分布于东半球热带及亚热带至非洲热带地区。我国有5种；广西5种均产；木论有1种。

星毛金锦香 朝天罐 抗劳草

Osbeckia stellata Buchanan-Hamilton ex Kew Gawler

灌木。茎四棱形或稀六棱形，被平贴的糙伏毛或上升的糙伏毛。叶对生或有时3片轮生；叶片边缘全缘，具缘毛，基出脉5条。聚伞圆锥花序顶生；花瓣深红色至紫色；雄蕊8枚，花药具长喙。蒴果为宿存萼所包围；宿存萼外面被刺毛状有柄星状毛。花果期7~9月。

生于路旁或林缘；少见。 根、果实入药，具有清热利湿、止咳、调经的功效。

5. 尖子木属 *Oxyspora* DC.

本属约有20种，分布于中国西南部、尼泊尔、缅甸、印度、越南、老挝、泰国等。我国有4种；广西有2种；木论有1种。

尖子木

Oxyspora paniculata (D. Don) DC.

灌木。茎四棱形或钝四棱形，幼时被糠秕状星状毛及具微柔毛的疏刚毛。叶片卵形或狭椭圆状卵形或近椭圆形，基部圆形或浅心形，边缘具不整齐小齿，基出脉7条；叶柄长1~7.5 cm，有槽，通常密被糠秕状星状毛。圆锥花序顶生，被糠秕状星状毛，长20~30 cm；花瓣红色至粉红色，或深玫瑰红色；子房下位，表面无毛。蒴果倒卵形，顶部具胎座轴；宿存萼较果体长，漏斗形。花期7~10月，果期1~5月。

生于路旁、山坡疏林中；常见。　全株入药，具有清热解毒、利湿的功效，外用治疖子；根入药，具有止咳的功效。

6. 锦香草属 *Phyllagathis* Blume

本属约56种，分布于中国至马来西亚。我国有24种；广西有18种；木论有4种。

分种检索表

1. 无茎或茎匍匐草本植物。
  2. 叶脉在叶片腹面明显凹陷…………………………………………… **凹脉锦香草** *P. impressinervia*
  2. 叶脉在叶片腹面平坦，不凹陷 ………………………………………… **锦香草** *P. cavaleriei*
1. 草本或半灌木，具明显的直立茎。
  3. 叶片边缘齿尖具长刺毛，基出脉5条；花瓣先端具刺芒，反折… **长芒锦香草** *P. longearistata*
  3. 叶片边缘具微齿或几全缘，齿尖无刺毛，基出脉7条；花瓣先端微凹 …………………………
  ……………………………………………………………………………… **大叶熊巴掌** *P. longiradiosa*

锦香草　铺地毡　熊巴掌　猫耳朵

Phyllagathis cavaleriei (Lévl. et Van.) Guillaum.

草本。茎匍匐，逐节生不定根，密被长粗毛，四棱形。叶片广卵形、广椭圆形或圆形，先端广急尖至近圆形，有时微凹，基部心形，边缘具不明显的细浅波齿及缘毛，两面绿色或有时背面紫红色，腹面具疏糙伏毛状长粗毛，基出脉7~9条，脉平坦；叶柄密被长粗毛。伞形花序顶生，花序梗长4~17 cm；花瓣粉红色至紫色；雄蕊近等长。蒴果杯形，顶部冠4裂，伸出宿存萼外约2 mm；宿存萼具8条纵肋；果梗伸长，被糠秕状星毛。花期6~8月，果期7~9月。

生于山谷、山坡疏林、密林中阴湿的地方或水沟旁；少见。　可用于地被绿化或观赏植物；全株入药，具有清热解毒、利湿消肿的功效。

凹脉锦香草

Phyllagathis impressinervia Y. L. Su, Yan Liu & Ying Liu

多年生草本。茎短，被粗毛。叶5~9片；叶片卵形、宽卵形或卵圆形，叶脉在腹面明显凹陷，在背面突起；叶柄长3~10 cm。伞形花序顶生，具花3~13朵；花梗长4~15 cm；花瓣粉红色；雄蕊8枚，不等长，长8~10 mm；托杯外面具长约1 mm的开展腺毛；花药乳白色；子房冠在花期明显。蒴果杯形。花果期7月。

生于山坡密林下；罕见。　可用于地被绿化或作观赏植物。

长芒锦香草 砚山红 酒瓶果

Phyllagathis longearistata C. Chen

半灌木。茎四棱形，有槽，被长柔毛及微柔毛。叶片长4~7.5 cm，宽1.5~3.5 cm，边缘具不明显的细锯齿，齿尖具长刺毛，基出脉5条；叶柄长1.5~3 cm，被长柔毛及微柔毛。伞形花序顶生，花序梗长约5 mm；花瓣白色，先端具刺芒，反折，具腺状缘毛。蒴果杯形，为宿存萼所包；宿存萼杯形，顶部平截，外面被刺毛。花期约7月。

生于山坡疏林或密林中；少见。 花色艳丽，可作荫生绿化观赏植物。

大叶熊巴掌

Phyllagathis longiradiosa (C. Chen) C. Chen

草本或小灌木。茎近无毛或被疏长柔毛。叶片基部心形，边缘具微细齿或几全缘，具缘毛，腹面密被细糠秕及疏短糙伏毛，背面通常紫红色，密被糠秕及微柔毛，基出脉7条，但有1对脉常离基部5~14 mm。伞形花序顶生；花瓣玫瑰红色，具缘毛，其余无毛。蒴果顶部膜质冠微露出宿存萼外。花期6~7月，果期12月至翌年1月。

生于山坡疏林中或山谷；少见。　花色艳丽，可作为荫生绿化观赏植物；全株入药，具有清热解毒、润肺止咳的功效，可用于胃出血、吐血、咳血、咽喉肿痛、肺热咳嗽等。

使君子科 Combretaceae

本科约有20属500种，广泛分布于热带亚热带地区。我国有6属20种；广西有4属14种；木论有1属1种。

风车子属 *Combretum* Loefl.

本属约有250种，大部分产于非洲热带地区，马达加斯加、亚洲和美洲热带地区也有分布。我国有8种；广西有4种；木论有1种。

石风车子

Combretum wallichii DC.

藤本，稀为灌木或小乔木状。幼枝压扁状，密被鳞片和微柔毛。叶对生或互生；叶片老时两面无毛，侧脉（5）7~9对，在背面突起，脉腋内有锈色至白色长硬毛。穗状花序腋生或顶生，单生，不分枝，圆锥花序状，花序轴被褐色鳞片及微柔毛；花瓣与萼齿等高；子房四棱形，外面密被鳞片。果具4翅；翅红色，有绢丝光泽，被白色或金黄色鳞片。花期5~8月，果期9~11月。

生于路旁疏林或山坡密林中；少见。 叶入药，具有驱虫、抗菌、消炎、祛风除湿、清热解毒的功效；全株入药，具有祛风止痛的功效；茎入药，具有补虚强体、止汗涩精的功效。

红树科 Rhizophoraceae

本科有17属120多种，分布于热带地区。我国有6属13种；广西有5属10种；木论有1属1种。

竹节树属 *Carallia* Roxb.

本属有10种，分布于东半球热带地区。我国有4种；广西4种均产；木论有1种。

旁杞木

Carallia pectinifolia W. C. Ko

灌木或小乔木。小枝和枝干燥时紫褐色。叶片矩圆形，稀倒披针形，先端渐尖或尾状，边缘有篦状小齿。花序具短花序梗，二歧分枝；花具短梗，2~3朵生于分枝的顶部；花瓣白色，先端2裂，边缘皱褶和不规则分裂。果球形，熟时红色，有宿存的红色花萼裂片。花果期春、夏季。

生于路边水旁或山坡密林；少见。 根、枝、叶入药，具有清热凉血、利尿消肿、接骨的功效，根可用于妇女血崩，叶可用于外伤出血。

金丝桃科 Hypericaceae

本科有11属约480种，分布于亚洲的热带亚热带和温带地区。我国有4属约70种；广西有4属22种；木论有1属3种。

金丝桃属 *Hypericum* L.

本属约有460种，分布于北半球的温带和亚热带地区。我国有64种；广西有19种；木论有3种。

分种检索表

1. 灌木；植株无黑色腺点；花瓣和雄蕊脱落；花柱合生几达顶部，比子房长……………………………………………………………………………………………………金丝桃 *H. monogynum*

1. 草本；植株通常具黑色或透明腺点；花瓣和雄蕊均宿存。

  2. 植株较小；同一对对生叶基部不合生……………………………………… 地耳草 *H. japonicum*

  2. 植株较大；同一对对生叶基部合生……………………………………………元宝草 *H. sampsonii*

金丝桃

Hypericum monogynum L.

灌木。茎红色，幼时具2（4）条纵棱且两侧压扁。叶对生；叶片具小而呈点状的腺体，先端通常具细小尖突，主侧脉4~6对。花序近伞房状，具1~15（30）朵花；花直径3~6.5 cm，辐状；花瓣金黄色至柠檬黄色，三角状倒卵形，边缘全缘；雄蕊5束，每束有雄蕊25~35枚，与花瓣几等长。蒴果宽卵球形，或稀为卵球状圆锥形至近球形。种子深红褐色，圆柱形。花期5~8月，果期8~9月。

生于山坡、山顶疏林或路旁；常见。 花美丽，可栽培供观赏；根入药，具有祛风、止咳、下乳、调经补血的功效，可用于急性咽喉炎、眼结膜炎、肝炎、痔疮等。

元宝草

Hypericum sampsonii Hance

多年生草本。全体无毛。叶对生，同一对叶的基部完全合生为一体而茎贯穿其中心；叶片先端钝形或圆形，边缘全缘，背面边缘密生黑色腺点，散生透明或间有黑色的腺点。伞房状花序顶生，多花，连同其下方常多达6个腋生花枝，整体形成一个庞大的疏松伞房状至圆柱状圆锥花序；萼片长圆形、长圆状匙形或长圆状线形，边缘全缘，疏生黑腺点；花瓣淡黄色，散布淡色或稀为黑色腺点和腺条纹。蒴果宽卵球形至或宽或狭的卵球状圆锥形，散布卵珠状黄褐色囊状腺体。花期5~6月，果期7~8月。

生于山谷平地、山坡密林中；少见。　全草入药，具有调经通络、活血止血、清热解毒的功效，可用于月经不调、吐血、腰腿痛、毒蛇咬伤等。

藤黄科 Clusiaceae

本科约有30属550种，主产于热带地区。我国有4属约30种；广西有2属10种；木论有1属1种。

藤黄属 *Garcinia* L.

本属约有450种，产于亚洲热带地区、非洲南部及波利尼西亚西部。我国有20种；广西有8种；木论有1种。

金丝李

Garcinia paucinervis Chun ex F. C. How

乔木。树皮灰黑色，具白色斑块。幼枝压扁状四棱形。叶片嫩时紫红色，侧脉5~8对，两面隆起，至边缘处弯拱网结。花杂性，同株；雄花的聚伞花序腋生和顶生，有花4~10朵；花梗基部具小苞片2枚；花瓣卵形；雄蕊合生成4裂的环，柱头盾状而突起；雌花通常单生于叶腋，退化雄蕊的花丝合生成4束，片状，短于子房，柱头盾形，全缘，子房球形，无棱。果熟时椭圆形或卵球状椭圆形，基部宿存萼片，顶部宿存柱头半球形；种子1粒。花期6~7月，果期11~12月。

生于山坡疏林或密林中；少见。　国家二级重点保护植物，石灰岩地区特有的珍贵用材树种，亦为优良的石山绿化植物；果酸甜可食。

椴树科 Tiliaceae

本科约有52属500种，主要分布于热带亚热带地区。我国有11属70种；广西有10属36种；木论有3属3种。

分属检索表

1. 草本或半灌木；蒴果。
   2. 蒴果表面具刺或刺毛……………………………………………………**刺蒴麻属** *Triumfetta*
   2. 蒴果表面无刺或刺毛……………………………………………………**黄麻属** *Corchorus*
1. 灌木或乔木；核果……………………………………………………**扁担杆属** *Grewia*

1. 刺蒴麻属 *Triumfetta* L.

本属有100~160种，广泛分布于热带亚热带地区。我国有7种；广西有5种；木论有1种。

长勾刺蒴麻

Triumfetta pilosa Roth

木质草本或半灌木。嫩枝被黄褐色长茸毛。叶片卵形或长卵形，先端渐尖或锐尖，基部圆形或微心形，腹面被稀疏星状茸毛，背面密被黄褐色厚星状茸毛，基出脉3条，边缘具不整齐锯齿。聚伞花序1个至数个腋生；花瓣黄色，与萼片等长；雄蕊10枚；子房外面被毛。蒴果表面具刺；刺长8~10 mm，被毛，顶端有勾。花期夏季。

生于林缘灌草丛中或路旁；少见。　根、叶入药，具有活血、行气、调经的功效。

2. 黄麻属 *Corchorus* L.

本属有40多种，主要分布于热带地区。我国有4种；广西有3种；木论有1种。

甜麻

Corchorus aestuans L.

一年生草本。茎红褐色，稍被淡黄色柔毛。叶片基部圆形，两面均被稀疏的长粗毛，边缘具锯齿，近基部一对齿往往延伸成尾状的小裂片，基出脉5~7条。花单生，或数朵组成聚伞花序；萼片5枚，外面紫红色；花瓣5片，与萼片近等长，黄色；子房外面被柔毛。蒴果长筒形，长约2.5 cm，具6条纵棱，其中3~4棱呈翅状突起，顶部有3~4条向外延伸的角；角二叉。花期夏季。

生于路旁、灌草丛中；少见。 茎皮纤维可作为“黄麻”代用品，用作编织及造纸原料；全草入药，具有清热解毒、祛风除湿、舒筋活络的功效。

3. 扁担杆属 *Grewia* L.

本属有90多种，分布于东半球热带地区。我国有26种；广西有15种；木论有1种。

扁担杆

Grewia biloba G. Don

灌木或小乔木。嫩枝被粗毛。叶片椭圆形或倒卵状椭圆形，基部楔形或钝，两面被稀疏星状粗毛，边缘具细齿，基出脉3条，两侧脉上行过半，中脉有侧脉3~5对。聚伞花序腋生，花序梗长不到1 cm；雌雄蕊柄被毛；子房外面被毛，柱头盘状，有浅裂。核果熟时红色，有2~4颗分核。花期5~7月。

生于山坡疏林；少见。　根、枝、叶入药，具有健脾养血、祛风湿、消痞的功效，可用于小儿疳积、血崩、白带异常、子宫脱垂、脱肛等；茎皮纤维可作人造棉材料。

杜英科 Elaeocarpaceae

本科有12属约550种，分布于东西两半球的热带亚热带地区，但未见于非洲。我国有2属53种；广西有2属29种；木论有2属4种。

分属检索表

1. 总状花序；花瓣先端常撕裂；果为核果……………………………………………… 1. **杜英属** *Elaeocarpus*
1. 花单生或数朵腋生；花瓣先端全缘或齿状裂；果为具刺蒴果……………………2. **猴欢喜属** *Sloanea*

1. 杜英属 *Elaeocarpus* L.

本属约有360种，分布于亚洲东部和东南部、太平洋西南部和大洋洲。我国有39种；广西有21种；木论有3种。

分种检索表

1. 叶背有黑色腺点。
  2. 嫩枝无毛；侧脉5~6对；核果小，长1~1.3 cm，宽约8 mm …………… **日本杜英** *E. japonicus*
  2. 嫩枝被褐色茸毛；侧脉8~10对；核果大，直径1.5~2.5 cm，宽1.7~2 cm ……………………………………………………………………………………………… **褐毛杜英** *E. duclouxii*
1. 叶背无黑色腺点；嫩枝和叶均无毛……………………………………………… **山杜英** *E. sylvestris*

日本杜英

Elaeocarpus japonicus Sieb. et Zucc.

乔木。嫩枝秃净无毛。叶片通常卵形，亦有椭圆形或倒卵形，初时两面密被银灰色绢毛，很快变秃净，背面有多数细小黑腺点，边缘具疏锯齿，侧脉5~6对。总状花序长3~6 cm，生于当年枝的叶腋内，花序轴被短柔毛；花两性或单性；两性花的萼片5枚，两面被毛；花瓣长圆形，两面被毛，与萼片等长；花药顶端无附属物；花盘10裂，连合成环；子房外面被毛，3室，花柱被毛。核果椭圆形，长1~1.3 cm，宽约8 mm，1室。花期4~5月，果期5~7月。

生于山坡、山顶疏林中或山谷；少见。　木材可制家具，亦是培养香菇的理想木材。

褐毛杜英

Elaeocarpus duclouxii Gagnep.

常绿乔木。嫩枝被褐色茸毛。叶聚生于枝顶；叶片革质，长圆形，先端急尖，基部楔形，背面被褐色茸毛，侧脉8~10对；叶柄长1~1.5 cm，被褐色毛。总状花序常生于无叶的上一年枝条上；萼片5枚，披针形；花瓣5片，稍超出萼片，上半部撕裂，裂片10~12条；雄蕊28~30枚。核果椭圆形，长2.5~3 cm，宽1.7~2 cm。种子长1.4~1.8 cm。花期6~7月，果期8~10月。

生于山坡、山谷疏林中或林缘；少见。　可作庭园绿化观赏树种；木材可用于栽培香菇；果实入药，具有理肺止咳、清热通淋、养胃消食的功效。

2. 猴欢喜属 *Sloanea* L.

本属约有120种，分布于东西两半球的热带亚热带地区。我国有14种；广西有8种；木论有1种。

猴欢喜

Sloanea sinensis (Hance) Hemsl.

乔木。嫩枝无毛。叶片长圆形或狭窄倒卵形，有时为圆形，亦有披针形的，基部楔形，或收窄而略圆，边缘通常全缘，有时上半部有数个疏锯齿，背面秃净无毛。花多朵簇生于枝顶叶腋；花瓣4片，白色，外面被微毛，先端撕裂，有齿刻；雄蕊与花瓣等长，花药长为花丝的3倍；子房外面被毛，卵形，花柱连合，下半部被微毛。蒴果3~7爿裂开；针刺长1~1.5 cm。花期9~11月，果期翌年6~7月。

生于山坡密林或山谷；常见。 根入药，具有健脾和胃、祛风、益肾、壮腰的功效。

梧桐科 Sterculiaceae

本科有68属约1100种，分布于热带亚热带地区，个别种可分布到温带地区。我国有19属90种；广西有14属48种；木论有4属7种。

分属检索表

1. 花单性或杂性，无花瓣。
   2. 果膜质，成熟前早开裂如叶状；叶先花而出；无明显萼筒 ……………… 1. 梧桐属 *Firmiana*
   2. 果革质，稀为木质，熟时始开裂 ………………………………………… 4. 苹婆属 *Sterculia*
1. 花两性，有花瓣。
   3. 子房有很短的雌雄蕊柄……………………………………………… 2. 翅子树属 *Pterospermum*
   3. 子房着生于长的雌雄蕊柄的顶端，柄长为子房的2倍以上 ……………… 3. 梭罗树属 *Reevesia*

1. 梧桐属 *Firmiana* Marsili

本属约有16种，分布于亚洲热带亚热带和温带地区。我国有7种；广西有4种；木论有2种。

分种检索表

1. 树皮青绿色；叶片掌状3~5裂；花萼5深裂几至基部 ………………………………… 梧桐 *F. simplex*
1. 树皮灰白色；叶片边缘全缘或先端3浅裂；花萼顶部5浅裂 ……………广西火桐 *F. kwangsiensis*

梧桐

Firmiana simplex (L.) W. Wight

落叶乔木。树皮青绿色。叶片心形，掌状3~5裂，裂片三角形，基部心形，基生脉7条。圆锥花序顶生；花淡黄绿色；萼片5深裂几至基部，外面被淡黄色短柔毛，内面仅在基部被柔毛；雄花的雌雄蕊柄与萼等长，无毛；雌花的子房圆球形，外面被毛。蓇葖果膜质，有柄，熟前开裂成叶状，每蓇葖果有种子2~4粒。花期6月，果期9~10月。

生于山坡疏林或林缘；少见。　种子入药，具有顺气、和胃、消食、补肾的功效；根入药，具有祛风湿、和血脉、通经络的功效；茎皮入药，具有祛风除湿、活血止痛的功效；叶入药，可用于风湿痛、麻木、痈疮肿毒、高血压等；花入药，可用于水肿、秃疮、烧烫伤。

广西火桐

Firmiana kwangsiensis H. H. Hsue

落叶乔木。嫩芽密被淡黄褐色星状短柔毛。叶片边缘全缘或先端3浅裂，裂片楔状短渐尖，基部截形或浅心形，两面均被很稀疏的短柔毛，并在5~7条基出脉的脉腋间密被淡黄褐色星状短柔毛；叶柄长达20 cm。聚伞状总状花序长5~7 cm，密被金黄色且带红褐色的星状茸毛；萼圆筒形，顶端5浅裂，外面密被金黄色且带红褐色的星状茸毛，内面鲜红色，被星状小柔毛。花期6月，果期9~10月。

生于山谷、山坡疏林或密林中；罕见。国家一级重点保护植物，先开花后长叶，花色鲜艳靓丽，具有极高的观赏价值，为优良的庭园绿化观赏及行道树种。

2. 翅子树属 *Pterospermum* Schreb.

本属约有25种，分布于亚洲热带亚热带地区。我国有9种；广西有3种；木论有1种。

翻白叶树

Pterospermum heterophyllum Hance

乔木。小枝被黄褐色短柔毛。叶二形；生于幼树或萌蘖枝上的叶片盾形，掌状3~5裂，背面密被黄褐色星状短柔毛；生于成长树上的叶片矩圆形至卵状矩圆形，先端钝、急尖或渐尖，背面密被黄褐色短柔毛。花单生或2~4朵排成腋生的聚伞花序；花青白色；萼片5枚，两面均被柔毛；花瓣5片，与萼片等长；子房5室，被长柔毛。蒴果木质，矩圆状卵形，被黄褐色茸毛。花期秋季。

生于山坡疏林中；少见。　根入药，具有祛风除湿、活血消肿的功效；叶入药，具有活血、止血的功效，可用于外伤出血；枝皮可剥取以编绳；也可用于放养紫胶虫。

3. 梭罗树属 *Reevesia* Lindl.

本属约18种，主要分布于中国南部、西南部和喜马拉雅山东部地区。我国有15种；广西有10种；木论有1种。

梭罗树

Reevesia pubescens Mast.

乔木。小枝幼时被星状短柔毛。叶片椭圆状卵形、矩圆状卵形或椭圆形，腹面被稀疏的短柔毛或几无毛，背面密被星状短柔毛。聚伞状伞房花序顶生，被毛；花萼倒圆锥状，5裂；花瓣5片，白色或淡红色，条状匙形，外面被短柔毛；雌雄蕊柄长2~3.5 cm。蒴果梨形或矩圆状梨形，有5棱，表面密被淡褐色短柔毛。种子连翅长约2.5 cm。花期5~6月，果期7~8月。

生于山坡疏林中；常见。　树皮、根皮入药，具有祛风除湿、消肿止痛的功效，可用于风湿疼痛、跌打损伤；枝条上的纤维可用于编绳和造纸。

4. 苹婆属 *Sterculia* L.

本属有100~150种，主要分布于热带亚热带地区，尤以亚洲热带地区最多。我国有26种；广西有12种；木论有3种。

分种检索表

1. 叶背密被淡黄褐色星状茸毛……………………………………………………………… 粉苹婆 *S. euosma*
1. 叶背无毛或几无毛。
   2. 叶片狭椭圆形或椭圆状披针形，先端渐尖 ……………………………………假苹婆 *S. lanceolata*
   2. 叶片长圆形、倒卵状长圆形或椭圆形，先端急尖 ……………………………苹婆 *S. monosperma*

粉苹婆

Sterculia euosma W. W. Sm.

乔木。嫩枝密被淡黄褐色茸毛。叶片基部圆形或略为斜心形，背面密被淡黄褐色星状茸毛，基出脉5条。总状花序聚生于小枝顶部，与幼叶同时抽出；花暗红色；花萼5裂几至基部，裂片条状披针形，外面被短柔毛，内面几无毛；子房卵圆形，密被毛，花柱弯曲，被长柔毛。蓇葖果熟时红色，顶端渐尖成喙状，外面密被星状短茸毛。花期4~5月，果期6~7月

生于路旁疏林、山坡或山顶疏林或密林中；常见。 树皮入药，具有止咳平喘的功效；叶入药，可用于外伤出血、伤口溃疡。

假苹婆

Sterculia lanceolata Cav.

乔木。小枝幼时被毛。叶片两面无毛或几无毛。圆锥花序腋生，长4~10 cm，密集且多分枝；花淡红色；萼片5枚，仅于基部连合；雌花的子房圆球形，表面被毛，花柱弯曲，柱头不明显5裂。蓇葖果熟时鲜红色，长卵形或长椭圆形，顶端有喙，密被短柔毛。每果有种子2~4粒。花期4~6月。

生于山坡疏林或密林中；常见。根、叶入药，具有舒筋通络、祛风活血的功效；茎皮纤维可作麻袋原料，也可造纸；种子可食用，也可榨油。

苹婆

Sterculia monosperma Vent.

乔木。小枝幼时略被星状毛。叶片矩圆形或椭圆形，两面均无毛。圆锥花序顶生或腋生，被短柔毛；花萼初时乳白色，后转为淡红色，钟状，外面被短柔毛；雌雄蕊柄弯曲，无毛；雌花略大，子房表面有5条沟纹，密被毛。蓇葖果熟时鲜红色，矩圆状卵形，顶端有喙，每果内有种子1~4粒。花期4~5月，但在10~11月常可见少数植株开第二次花。

生于山坡、山谷疏林或密林中；少见。　种子、果实入药，具有温胃、杀虫的功效；叶可用于风湿痛、水肿；种子可食，是一种值得提倡的木本粮食植物；树冠浓密，树形美观，是良好的行道树。

锦葵科 Malvaceae

本科约有100属1000种，分布于热带至温带地区。我国有19属约81种；广西有12属51种；木论有4属5种1变种。

分属检索表

1. 花大，直径大于4 cm。
   2. 花萼呈佛焰苞状……………………………………………………………1. **秋葵属** *Abelmoschus*
   2. 花萼钟状，很少为浅杯状或管状 ……………………………………………… 2. **木槿属** *Hibiscus*
1. 花较小，直径小于3 cm；花萼不呈佛焰苞状。
   3. 花黄色；果无锚状刺………………………………………………………………… 3. **黄花稔属** *Sida*
   3. 花粉红色；果有锚状刺……………………………………………………………… 4. **梵天花属** *Urena*

1. 秋葵属 *Abelmoschus* Medik.

本属约有15种，分布于东半球热带亚热带地区。我国包括栽培的共有6种；广西有5种；木论有2种。

分种检索表

1. 小苞片4~5枚，卵状披针形，宽达4~5 mm …………………………………… **黄蜀葵** *A. manihot*
1. 小苞片6~20枚，线形，宽1~3 mm ………………………………………………… **黄葵** *A. moschatus*

黄葵

Abelmoschus moschatus (L.) Medik.

一年生或二年生草本。叶片通常掌状5~7深裂，边缘具不规则的齿，基部心形，两面均疏被硬毛。花单生于叶腋间；花梗被倒硬毛；花萼佛焰苞状，长2~3 cm，5裂；花瓣黄色，内面基部暗紫色；雄蕊柱平滑无毛；花柱分支5条，柱头盘状。蒴果长圆形，表面被黄色长硬毛。花果期6~11月。

生于山坡灌丛中或林缘；常见。 根、叶、花入药，具有清热解毒、利湿、润肠通乳、拔毒排脓的功效；花大色艳，可供园林观赏用。

2. 木槿属 *Hibiscus* L.

本属约有200种，分布于热带亚热带地区。我国有25种；广西有14种；木论有1种。

木芙蓉

Hibiscus mutabilis L.

灌木或小乔木。小枝、叶柄、花梗及花萼外面均密被星状毛与直毛相混的细绵毛。叶片宽卵形至圆卵形或心形，常5~7裂，裂片三角形，先端具钝圆锯齿，腹面疏被星状细毛和点，背面密被星状细茸毛。花单生于枝端叶腋；小苞片8枚，线形，密被星状绵毛，基部合生；花初开时白色或淡红色，后变深红色；花瓣近圆形，外面被毛，基部具髯毛。蒴果扁球形，被淡黄色刚毛和绵毛，果爿5个。种子肾形，背面被长柔毛。花期8~10月。

生于山谷或林缘；少见。　花大色艳，为我国久经栽培的园林观赏植物；花、叶入药，具有清肺、凉血、散热和解毒的功效。

3. 黄花稔属 *Sida* L.

本属有100~150种，分布于全球，其中以南美洲的种类最多。我国有14种；广西有11种；木论有1种。

白背黄花稔

Sida rhombifolia L.

直立半灌木。枝被星状绵毛。叶片菱形或长圆状披针形，边缘具齿，腹面疏被星状柔毛至近无毛，背面被灰白色星状柔毛；托叶纤细，刺毛状，与叶柄近等长。花单生于叶腋；花梗密被星状柔毛，中部以上有节；花黄色，直径约1 cm，花瓣倒卵形；雄蕊柱无毛，疏被腺状乳突；花柱分支8~10枚。果半球形，分果爿8~10个，被星状柔毛，顶端具2短芒。花期秋冬季。

生于山坡灌丛中或路旁；少见。　全草入药，具有疏风解表、清热利湿、散瘀拔毒、排脓生肌的功效；茎皮可用于造纸。

4. 梵天花属 *Urena* L.

本属约有6种，分布于热带亚热带地区。我国有3种5变种；广西有3种2变种；木论有1种1变种。

分种检索表

1. 茎上部叶片长圆形至披针形，腹面被柔毛，背面被灰白色星状茸毛 ………… **地桃花** *U. lobata*
1. 茎上部叶片卵形或近圆形，两面密被粗短茸毛和绵毛 … **粗叶地桃花** *U. lobata* var. *scabriuscula*

地桃花

Urena lobata L.

半灌木状草本。小枝被星状茸毛。茎下部叶片近圆形，先端3浅裂，基部圆形或近心形，边缘具齿；茎中部叶片卵形；茎上部叶片长圆形至披针形；叶片腹面被柔毛，背面被灰白色星状茸毛。花腋生，淡红色；花瓣5片，倒卵形，外面被星状柔毛。果扁球形，分果爿被星状短柔毛和锚状刺。花期7~10月。

生于路旁灌丛中或山坡林缘；少见。 根或全草入药，具有祛风利湿、清热解毒的功效；茎皮纤维可供纺织，为麻类代用品。

金虎尾科 Malpighiaceae

本科约有65属1280种，广泛分布于全球热带地区，主产于南美洲。我国有4属约21种；广西有2属13种；木论有1属1种。

盾翅藤属 *Aspidopterys* A. Juss.

本属约有20种，分布于亚洲热带地区。我国有9种；广西有7种；木论有1种。

贵州盾翅藤

Aspidopterys cavaleriei H. Lév.

攀缘藤本。叶片卵形、椭圆状卵形至近圆形，基部圆形或近心形，边缘全缘，背面绿色或锈红色，两面无毛，侧脉4~5对，于边缘处网结。总状圆锥花序腋生，常2个生于同一腋内，被锈色丁字柔毛；萼片5枚，长圆形，外面被柔毛；花瓣5片，黄白色，长圆形，无毛或极疏被微柔毛；子房无毛。翅果近圆形；翅膜质，顶端2浅裂。花期2~4月，果期4~5月。

生于山坡疏林或林缘；少见。　叶入药，可用于小儿疳积。

大戟科 Euphorbiaceae

本科约有322属8910种，广泛分布于全球，主要分布于热带亚热带地区，很少分布到温带地区。我国有75属约406种；广西有52属232种；木论有22属42种2变种。

分属检索表

1. 叶为三出复叶……………………………………………………………… 1. **秋枫属** *Bischofia*
1. 叶为单叶。
    2. 植株具白色乳汁；花无花被……………………………………………………2. **大戟属** *Euphorbia*
    2. 植株无白色乳汁；花有花被。
        3. 子房每室具2颗胚珠。
            4. 花具花瓣。
                5. 退化雌蕊顶端2~4裂或不裂；子房2室，花柱2枚 …………………3. **土蜜树属** *Bridelia*
                5. 退化雌蕊小或无；子房3室，花柱3枚 …………………………… 4. **雀舌木属** *Leptopus*
            4. 花无花瓣。
                6. 雌花具花盘或腺体。
                    7. 子房1~2室。
                        8. 花柱2~4枚，短，顶端通常2裂 ………………………………5. **五月茶属** *Antidesma*
                        8. 花柱短或近于无，柱头1~2裂，常扩大成盾形或肾形 …… 6. **核果木属** *Drypetes*
                    7. 子房3室或更多。
                        9. 雄花具退化雄蕊；果熟时为白色或淡红褐色……………… 7. **白饭树属** *Flueggea*
                        9. 雄花无退化雄蕊；果熟时不为白色和淡红褐色。
                            10. 萼片背面中肋不隆起；花盘呈腺体状；花丝分离或合生，药隔无突起 ………………………………………………………………… 8. **叶下珠属** *Phyllanthus*
                            10. 萼片背面中肋隆起；花盘呈条状腺体状；花丝合生成柱状，药隔顶端钻状突起 ……………………………………………………… 9. **珠子木属** *Phyllanthodendron*
                6. 雌花无花盘和腺体。
                    11. 花柱合生；子房3~15室……………………………………… 10. **算盘子属** *Glochidion*
                    11. 花柱分离或基部合生；子房3室。
                        12. 花萼离生或6深裂；宿存萼通常陀螺状 …………………… 1. **守宫木属** *Sauropus*
                        12. 花萼6浅裂；宿存萼盘状 ……………………………………… 12. **黑面神属** *Breynia*
        3. 子房每室具1颗胚珠。
            13. 雌雄花均有花瓣。
                14. 雌花花瓣退化成丝状或无花瓣……………………………………… 13. **巴豆属** *Croton*
                14. 雌花花瓣5片，不退化 ……………………………………………… 14. **油桐属** *Vernicia*
            13. 雌花无花瓣。
                15. 叶片盾形，掌状分裂……………………………………………… 15. **蓖麻属** *Ricinus*
                15. 叶片有时为盾形，但非掌状分裂。
                    16. 花丝分支………………………………………………………… 16. **水柳属** *Homonoia*

16. 花丝不分支。
17. 花药4室。
18. 雌雄同株；花药顶端突起……………………………… 17. **棒柄花属** *Cleidion*
18. 雌雄异株；花药顶端不突起……………………………18. **血桐属** *Macaranga*
17. 花药2室。
19. 植株无星状毛。
20. 雄蕊2~3枚 ………………………………………………… 19. **乌桕属** *Sapium*
20. 雄蕊4枚及以上。
21. 雄蕊16枚或更多 ……………………………………20. **野桐属** *Mallotus*
21. 雄蕊4~8枚。
22. 花丝基部短的合生成盘状；雌花1朵生于苞腋 …………………… ……………………………………………… 21. **山麻杆属** *Alchornea*
22. 花丝离生；雌花1~3朵位于花序下部 ……22. **铁苋菜属** *Acalypha*
19. 植株具星状毛………………………………………………20. **野桐属** *Mallotus*

1. 秋枫属 *Bischofia* Blume

本属有2种，分布于亚洲南部及东南部至澳大利亚和波利尼西亚。我国有2种；广西均产；木论有1种。

秋枫 常绿重阳木 水蚬木

Bischofia javanica Blume

常绿或半常绿大乔木。树皮伤后流出红色汁液，干凝后变瘀血状。三出复叶，稀5小叶；小叶片边缘具浅齿；顶生小叶柄长2~5 cm；侧生小叶柄长5~20 mm。雌雄异株，花多朵排成腋生的圆锥花序；雄花序长8~13 cm；雌花序长15~27 cm，下垂；雌花萼片长圆状卵形，内面凹成勺状，外面被疏微柔毛。果浆果状，球形或近圆球形。花期4~5月，果期8~10月。

生于山谷或林缘沟谷边；少见。 木材坚重耐腐，有水蚬木之称；耐阴且喜水湿，蓄水力强，可作行道树、防堤树和水源林树种；根、树皮及叶入药，具有行气活血、消肿解毒的功效。

2. 大戟属 *Euphorbia* L.

本属约有2000种，是被子植物中特大属之一，遍布全球各地，其中非洲和中南美洲较多。我国有80多种；广西有7种；木论有2种。

分种检索表

1. 叶对生；叶片两面被柔毛……………………………………………………………飞扬草 *E. hirta*

1. 叶互生；叶片两面无毛或有时背面被少许柔毛或较密的柔毛………………大戟 *E. pekinensis*

飞扬草

Euphorbia hirta L.

一年生草本。叶对生；叶片披针状长圆形、长椭圆状卵形或卵状披针形，基部略偏斜，边缘于中部以上有细齿，中部以下较少或全缘，两面均被柔毛，背面脉上的被毛较密。花序多数，于叶腋处密集成头状；总苞钟状，被柔毛，边缘5裂；雌花1枚，伸出总苞之外；子房三棱状，被少许柔毛。蒴果三棱状，被短柔毛，熟时分裂为3个分果爿。花果期6~12月。

生于路旁灌丛中、草地；常见。　外来入侵物种；全草入药，可用于痢疾、肠炎、皮肤湿疹、皮炎、疖肿等；鲜汁外用治癣类。

3. 土蜜树属 *Bridelia* Willd.

本属约有60种，分布于东半球热带亚热带地区。我国有7种；广西有5种；木论有2种。

分种检索表

1. 叶片椭圆形或长椭圆形；侧脉每边5~11条，斜升 ································ 禾串树 *B. balansae*
1. 叶片通常倒卵形；侧脉每边13~19条，近平行 ···································· 大叶土蜜树 *B. retusa*

禾串树

Bridelia balansae Tutcher

乔木。小枝无毛，有时具刺。叶片椭圆形或长椭圆形，两面无毛或仅在背面被疏微柔毛，边缘反卷；侧脉每边5~11条；托叶线状披针形，被黄色柔毛。花雌雄同序，密集成腋生的团伞花序；雌花萼片与雄花的相同；花瓣长约为萼片的1/2；花柱2枚，分离，顶端2裂，裂片线形。核果长卵形，熟时紫黑色。花期3~ 8月，果期9~11月。

生于路旁、山坡、山谷疏林或密林中；少见。 木材可作建筑、农具器具等用材；树皮含鞣质，可提取栲胶；根入药，可用于骨折、跌打损伤；叶入药，可用于慢性肝炎、慢性气管炎。

大叶土蜜树　虾公木

Bridelia retusa (L.) A. Jussieu

落叶乔木。除苞片两面、花梗和萼片外面被柔毛外，全株均无毛。叶片先端圆或截形，具小短尖，稀微凹，基部钝、圆或浅心形；侧脉每边13~19条，近平行。花黄绿色，雌雄异株；穗状花序腋生或在小枝顶端由3~9个穗状花序再排成圆锥花序状；雌花萼片长圆形；花瓣匙形；子房卵圆形，花柱2枚，顶端2裂。核果卵形，熟时黑色。花期4~9月，果期8月至翌年1月。

生于山坡疏林中或山谷；常见。　全株入药，具有清热利尿、活血调经的功效，可用于膀胱炎、月经不调、骨折等。

4. 雀舌木属 *Leptopus* Decne.

本属有9种，分布自喜马拉雅山北部至亚洲东南部，经马来西亚至澳大利亚。我国有6种；广西6种均产；木论有3种。

分种检索表

1. 老枝具纵棱；叶片先端渐尖或长渐尖…………………………………………… **尾叶雀舌木** *L. esquirolii*
1. 老枝近圆柱形，无纵棱；叶片先端圆形或急尖。
   2. 叶片背面幼时被疏短柔毛；萼片卵形或宽卵形，浅绿色；雄花花梗长6~10 mm
   ……………………………………………………………………………………… **雀儿舌头** *L. chinensis*
   2. 叶片两面无毛；萼片长卵形，淡红色；雄花花梗长2~2.5 cm …… **厚叶雀舌木** *L. pachyphyllus*

尾叶雀舌木

Leptopus esquirolii (Lév.) P. T. Li

直立灌木。小枝具纵棱。叶片先端尾状渐尖或长渐尖，基部楔形或钝；侧脉每边4~6条。花雌雄同株；萼片、花瓣和雄蕊数量均为5枚；雄花单生或2~5朵簇生于叶腋；雌花单生于叶腋，花梗纤细，长1~3 cm，花柱3枚，2深裂。蒴果球形，基部有宿存的萼片；果梗长2~4 cm。花期4~8月，果期6~10月。

生于山坡疏林；少见。 叶入药，具有止血固脱的功效，可用于子宫脱垂、外伤出血。

厚叶雀舌木

Leptopus pachyphyllus X. X. Chen

灌木。小枝圆柱形，近无毛。叶片圆形、卵形或卵状椭圆形，两面无毛；侧脉每边3~5条，不明显。花单性，雌雄同株，单生于叶腋内；雄花无毛；萼片5枚，长卵形，淡红色；花瓣5片，匙形；雄蕊5枚，花丝分离；雌花萼片与雄花的相似；花瓣与雄花的相似；子房卵圆形，3室，花柱3枚，2裂至基部。蒴果扁球状，无毛，熟后开裂为3个2裂的分果爿，基部有宿存萼。花期4~5月，果期5~7月。

生于山坡、山谷、山顶疏林或密林中；常见。 叶入药，可用于皮肤溃疡、止血等。

5. 五月茶属 *Antidesma* L.

本属约有100种，广泛分布于东半球热带地区。我国有11种；广西有7种；木论有1种1变种。

分种检索表

1. 叶背面仅中脉被毛；叶片椭圆形、长椭圆形至长圆状披针形，稀倒卵形 ……………………………………………… 日本五月茶 *A. japonicum*
1. 叶背面被短柔毛；叶片线状披针形或狭披针形……… 小叶五月茶 *A. montanum* var. *microphyllum*

日本五月茶

Antidesma japonicum Sieb. et Zucc.

乔木或灌木。叶片先端通常尾状渐尖，有小尖头；侧脉每边5~10条；叶柄长5~10 mm，被短柔毛至无毛。总状花序顶生；雄花花萼钟状，3~5裂，裂片卵状三角形，外面被疏短柔毛，后变无毛；雄蕊2~5枚，伸出花萼之外；雌花花萼与雄花的相似，但较小；子房卵圆形，长1~1.5 mm，无毛，花柱顶生，柱头2~3裂。核果椭圆形。花期4~6月，果期7~9月。

生于山坡疏林或密林中；少见。　热带亚热带森林中常见树种；全株入药，具有祛风湿的功效；叶、根入药，具有止泻生津的功效。

小叶五月茶

Antidesma montanum Blume var. *microphyllum* Petra ex Hoffmam.

灌木。小枝着叶较密集；除幼枝、叶背、中脉、叶柄、托叶、花序及苞片被疏短柔毛或微毛外，其余无毛。叶片侧脉每边6~9条；叶柄长3~5 mm。总状花序单个或2~3个聚生于枝顶或叶腋内；雄蕊4~5枚，着生于花盘的凹缺处；雌花萼片和花盘与雄花的相同；子房卵圆形，花柱3~4枚。核果卵圆状，红色，熟时紫黑色。花期5~6月，果期6~11月。

生于山坡水旁或山谷疏林中；少见。根、叶入药，具有收敛止泻、生津、止渴、行气活血的功效；全株入药，具有祛风寒、止吐血的功效。

6. 核果木属 *Drypetes* Vahl

本属约有200种，分布于亚洲、非洲和美洲的热带亚热带地区。我国有12种；广西有7种；木论有2种。

分种检索表

1. 叶片色泽较光亮，基部两侧稍不相等，边缘先端具疏钝齿，网脉密且明显 …………………………………… 网脉核果木 *D. perreticulata*

1. 叶片色泽较暗，基部两侧极不相等，边缘具明显的钝齿，网脉不明显或稍明显 …………………………………… 密花核果木 *D. confertiflora*

网脉核果木

Drypetes perreticulata Gagnep.

乔木。小枝具纵棱，幼时被红褐色短柔毛。叶片卵形、椭圆形或长圆形，基部两侧不对称，边缘上部具疏钝齿；侧脉每边6~8条，网脉密而明显；托叶线形，宿存。雄花常簇生于叶腋；萼片4枚；雄蕊25枚左右；无退化雌蕊；雌花萼片和花盘与雄花的相同；子房卵圆形，1室。核果常单生于叶腋，卵形或椭圆形，无毛，熟时暗红色。花期1~3月，果期5~10月。

生于山坡疏林中；少见。 木材纹理略直，结构细致，材质坚硬而重，可作材用。

7. 白饭树属 *Flueggea* Willd.

本属约有13种，分布于亚洲、美洲、欧洲及非洲热带至温带地区。我国有4种；广西有2种；木论有1种。

白饭树

Flueggea virosa (Roxb. ex Willd.) Voigt

灌木。全株无毛。叶片椭圆形、长圆形、倒卵形或近圆形，先端有小尖头，全缘，背面白绿色；侧脉每边5~8条。花淡黄色，雌雄异株，多朵簇生于叶腋；雄花萼片5枚，卵形，全缘或具不明显的细齿；退化雌蕊通常3深裂；雌花3~10朵簇生，稀单生；萼片与雄花的相同；子房卵圆形，3室，花柱3枚，基部合生，顶部2裂。蒴果浆果状，近圆形，熟时淡白色，不开裂。花期3~8月，果期7~12月。

生于山谷平地；少见。 全株入药，可用于风湿关节炎、湿疹、脓疱疮等；果实成熟后可食用。

8. 叶下珠属 *Phyllanthus* L.

本属有750~800种，主要分布于热带亚热带地区，少数分布于北温带地区。我国有32种；广西有17种；木论有4种。

分种检索表

1. 小枝被柔毛。
   2. 草本植物；叶片小，长4~10 mm；蒴果直径1~2 mm ………………………… 叶下珠 *P. urinaria*
   2. 木本植物；叶片较大，长8~20 mm；蒴果直径1~1.3 cm ……………………… 余甘子 *P. emblica*
1. 小枝无毛。
   3. 一年生草本；叶片小，长5~25 mm，宽2~7 mm ……………………………… 黄珠子草 *P. virgatus*
   3. 灌木；叶片较大，长2~6 cm，宽7~13 mm ………………………… 尖叶下珠 *P. fangchengensis*

叶下珠

Phyllanthus urinaria L.

一年生草本。叶片长圆形或倒卵形，近边缘或边缘有1~3列短粗毛；侧脉每边4~5条。花雌雄同株；雄花2~4朵簇生于叶腋，通常仅顶端1朵开花；萼片6枚；雄蕊3枚，花丝全部合生成柱状；雌花单生于小枝中下部的叶腋内；萼片6枚，近相等，黄白色；子房卵状，表面有鳞片状突起，花柱分离，顶端2裂。蒴果圆球状，直径1~2 mm，熟时红色，表面具小突刺。花期4~6月，果期7~11月。

生于田间草地、山谷疏林或路旁灌丛中；常见。　全草入药，有解毒、消炎、清热止泻、利尿的功效。

余甘子

Phyllanthus emblica L.

乔木。枝条被黄褐色短柔毛。叶片2列，线状长圆形，基部浅心形而稍偏斜；侧脉每边4~7条；托叶三角形，褐红色，边缘被睫毛。多朵雄花和1朵雌花或全为雄花排成腋生的聚伞花序；萼片6枚；雄花萼片膜质，黄色；雌花萼片长圆形或匙形；子房卵圆形，3室；花柱3枚，基部合生，顶端2裂，裂片顶端再2裂。蒴果核果状，圆球形，绿白色或淡黄白色。种子略带红色。花期4~6月，果期7~9月。

生于山坡疏林中或林缘；少见。　果实可供食用，具有生津止渴、润肺化痰的功效；树姿优美，可作庭园风景树。

黄珠子草

Phyllanthus virgatus G. Forst.

一年生草本。全株无毛。叶片线状披针形、长圆形或狭椭圆形，先端有小尖头；托叶卵状三角形，褐红色。通常2~4朵雄花和1朵雌花同簇生于叶腋；雄花萼片6枚，宽卵形或近圆形；雄蕊3枚，花丝分离；雌花花萼6深裂，裂片卵状长圆形，紫红色；子房圆球形，3室，具鳞片状突起；花柱分离，2深裂几达基部。蒴果扁球形，直径2~3 mm，熟时紫红色，有鳞片状突起。花期4~5月，果期6~11月。

生于路旁、山坡疏林中；少见。全株入药，具有清热利湿、补脾胃、消食退翳的功效，可用于小儿疳积、淋症、骨鲠喉等。

尖叶下珠

Phyllanthus fangchengensis P. T. Li

灌木。小枝条具翅，有皮孔。叶2列；叶片披针形，基部圆或钝；侧脉每边3~4条；托叶三角形，边缘膜质。花淡白色，单朵雄花和2~3朵雌花同簇生于叶腋；雄花梗纤细，长1~1.5 cm，雌花梗长2~2.3 cm；萼片6枚，2轮；子房圆球状，3室，花柱3枚，分离，顶端2裂至2/3。蒴果圆球状，熟时淡红色，熟后3爿裂。花期4~7月，果期7~10月。

生于林缘水旁或灌丛中；少见。

9. 珠子木属 *Phyllanthodendron* Hemsl.

本属约有16种，分布于马来半岛至中国。我国有10种；广西有7种；木论有2种。

分种检索表

1. 枝条具纵棱；枝条及叶柄被短柔毛；叶片长1~3 cm，宽5~15 mm…… **龙州珠子木** *P. breynioides*
1. 枝条两侧具翅；全株无毛；叶片长2.5~10 cm，宽1.5~4 cm ………… **枝翅珠子木** *P. dunnianum*

枝翅珠子木

Phyllanthodendron dunnianum H. Lév.

灌木或小乔木。枝条两侧具翅；全株均无毛。叶基部圆形；侧脉每边6~8条。花1~2朵腋生，雌雄同株；雄花萼片5枚，卵状椭圆形，先端具芒尖；花盘腺体；雄蕊3枚，花丝合生；雌花萼片6枚，形态与雄花相同；子房卵圆形，3室，花柱3枚。蒴果圆球状，直径1~1.5 cm。花期5~7月，果期7~10月。

生于山谷、山坡、山顶密林或疏林中；常见。　根入药，具有止血、止痢的功效，可用于牙龈出血、痢疾、咽喉肿痛等。

10. 算盘子属 *Glochidion* J. R. Forst. et G. Forst.

本属约有200种，主要分布于亚洲热带地区至波利尼西亚，少数在热带美洲和非洲。我国有28种；广西有14种；木论有3种。

分种检索表

1. 小枝及叶片两面被毛。
   2. 叶片基部微心形、钝或截平 ……………………………… 毛果算盘子 *G. eriocarpum*
   2. 叶片基部急尖或楔尖……………………………………………… 算盘子 *G. puberum*
1. 小枝及叶片的两面无毛或成叶背面偶被微毛……………………… 甜叶算盘子 *G. philippicum*

毛果算盘子

Glochidion eriocarpum Champ. ex Benth.

灌木。小枝密被淡黄色长柔毛。叶片卵形、狭卵形或宽卵形，基部钝、截形或圆形，两面均被长柔毛，背面被毛较密；侧脉每边4~5条。花单生或2~4朵簇生于叶腋内；雌花生于小枝上部，雄花则生于下部；雄花萼片6枚，外面被疏柔毛；雌花萼片6枚，其中3枚较狭，两面均被长柔毛；子房扁球形，密被柔毛，4~5室。蒴果扁球状，具4~5条纵沟，密被长柔毛。花果期几乎全年。

生于山坡疏林中或路旁；少见。 全株或根、叶入药，具有解漆毒、收敛止泻、祛湿止痒的功效，可用于漆树过敏、剥脱性皮炎、牙痛、咽喉炎、湿疹等。

算盘子 算盘珠 野南瓜

Glochidion puberum (L.) Hutch.

直立灌木。小枝、叶背、花序及果均密被短柔毛。叶片先端钝、急尖、短渐尖或圆，基部楔形至钝，腹面灰绿色，背面粉绿色；侧脉每边5~7条，网脉明显。花小，雌雄同株或异株，2~4朵簇生于叶腋内；雌花生于小枝上部，雄花则生于下部；子房圆球形。蒴果扁球形，具8~10条纵沟，熟时带红色。花期4~8月，果期7~11月。

生于山坡、溪旁灌丛中或林缘；常见。 种子可榨油，供制肥皂或作润滑油；根、茎、叶及果实入药，具有活血散瘀、消肿解毒的功效，可用于痢疾、感冒发热、咳嗽、湿热腰痛、跌打损伤等；全株可提制栲胶。

11. 守宫木属 *Sauropus* Blume

本属约有56种，分布于中国、印度、缅甸、泰国、斯里兰卡、马来西亚、印度尼西亚、菲律宾、澳大利亚和马达加斯加等。我国有14种；广西有10种；木论有2种。

分种检索表

1. 小枝及叶脉幼时被微柔毛；叶片带苍白色……………………………… 苍叶守宫木 *S. garrettii*
1. 小枝及叶脉均无毛；叶片非苍白色………………………………………网脉守宫木 *S. reticulatus*

网脉守宫木

Sauropus reticulatus S. L. Mo ex P. T. Li

灌木。全株无毛。叶片长圆形、长椭圆形或椭圆状披针形，基部宽楔形至钝；侧脉每边8~10条；托叶三角形，常早落。蒴果扁球形，直径约2 cm，单生于叶腋；果梗长约3 cm；宿存萼片6枚，宽倒卵形；宿存花柱3枚，分离，顶端2裂。果期8~11月。

生于山坡、山谷疏林或密林中；少见。　果实熟时鲜红色，具有较高的观赏价值，可作园林观赏树种。

12. 黑面神属 *Breynia* J. R. Forst. et G. Forst.

本属有26~35种，主要分布于亚洲东南部，少数在澳大利亚及太平洋诸岛。我国有5种；广西有4种；木论有2种，其中1种还有待进一步确定，在此暂不描述。

黑面神　鬼画符　青丸木　细青七树

Breynia fruticosa (L.) Hook. f.

灌木。枝条上部常呈扁压状，紫红色。全株无毛。叶片两端钝或急尖，背面粉绿色，干后变黑色，具小斑点；侧脉每边3~5条。花单生或2~4朵簇生于叶腋内，雌花位于小枝上部，雄花则位于小枝的下部；雌花萼片在结果时约增大1倍；花柱3枚，顶端2裂。蒴果圆球形，有宿存萼。花期4~9月，果期5~12月。

生于山坡疏林或林缘、灌丛中；少见。　全株入药，具有消炎、平喘的功效，煲水外洗可治疮疖、皮炎等。

13. 巴豆属 *Croton* L.

本属约有1300种，广泛分布于热带亚热带地区。我国约有24种；广西有10种；木论有1种。

小巴豆

Croton xiaopadou (Y. T. Chang et S. Z. Huang) H. S. Kiu

灌木或小乔木。嫩枝被稀疏星状柔毛。叶片卵形，稀椭圆形，边缘具细锯齿，有时近全缘，成长叶无毛或近无毛，基出脉3条或5条，基部两侧边缘上各有1个盘状腺体。总状花序，顶生，长8~20 cm；雄花疏生星状毛或几无毛；雌花萼片长圆状披针形，几无毛；子房密被星状柔毛，花柱2深裂。蒴果椭圆形，被疏生短星状毛或近无毛。花期4~6月，果期7~9月。

生于山坡疏林或密林中；少见。 种子入药，亦称“巴豆”，有大毒，可用作泻药，外用于恶疮、疥癣等；根、叶入药，可用于风湿骨痛。

14. 油桐属 *Vernicia* Lour.

本属有3种，分布于亚洲东部。我国有2种；广西木论均产。

分种检索表

1. 叶全缘，稀1~3浅裂；果无棱，平滑 ……………………………………………………油桐 *V. fordii*
1. 叶全缘或2~5浅裂；果具三棱，果皮有皱纹…………………………………… 木油桐 *V. montana*

油桐

Vernicia fordii (Hemsl.) Airy Shaw

落叶乔木。叶片卵形，边缘全缘，稀1~3浅裂，成长叶腹面无毛，背面被贴伏微柔毛，基出脉5（7）条；叶柄与叶片近等长，顶端有2个扁平、无柄的腺体。花雌雄同株；花瓣白色，有淡红色脉纹；雌花子房密被柔毛，3~5（8）室。核果近球状；果皮光滑。花期3~4月，果期8~9月。

生于路旁疏林中；少见。　我国重要的工业油料植物；果皮可制活性炭或提取碳酸钾；种子油可用于深部脓肿、烧烫伤，有毒。

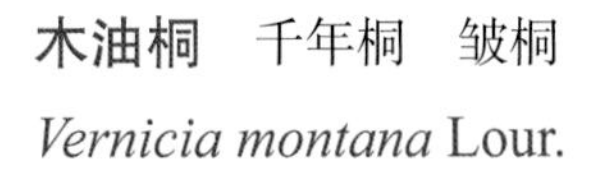

木油桐　千年桐　皱桐

Vernicia montana Lour.

本种与油桐的主要区别是叶柄顶端有2个杯状、具柄的腺体；核果表面具3条纵棱，并有网状皱纹。花期4~5月。

生于路旁疏林中或林缘；少见。　我国重要的工业油料植物；根、叶、果实入药，具有杀虫止痒、拔毒生肌等功效。

15. 蓖麻属 *Ricinus* L.

单种属，广泛栽培于热带地区。我国有1种；广西木论亦有。

蓖麻

Ricinus communis L.

一年生草本或半灌木。茎常被白霜。叶互生；叶片掌状分裂，盾状着生；叶柄的基部和顶端均具腺体。花雌雄同株，无花瓣；圆锥花序顶生，后变为与叶对生，雄花生于花序下部，雌花生于花序上部；雌花萼片5枚，子房具软刺或无刺，3室；花柱3枚，基部稍合生，顶部各2裂，密生乳头状突起。蒴果，具3个分果爿，具软刺或平滑。花期几全年或6~9月，果期8~11月。

生于路旁灌丛中；少见。　种子含蓖麻毒蛋白及蓖麻碱，若误食种子过量会导致中毒死亡；蓖麻油在医药上作缓泻剂。

16. 水柳属 *Homonoia* Lour.

本属约有3种，分布于亚洲东南部和南部。我国仅有1种；广西木论亦有。

水柳

Homonoia riparia Lour.

灌木。小枝具纵棱，被柔毛。叶互生；叶片先端具尖头，边缘全缘或具疏生腺齿，背面密生鳞片和柔毛。雌雄异株，花序腋生，花单生于苞腋；雄花萼裂片3枚，被短柔毛；雌花萼片5枚，被短柔毛；子房球形，密被紧贴的柔毛，花柱3枚且基部合生，柱头密生羽毛状突起。蒴果近球形，被灰色短柔毛。花期3~5月，果期4~7月。

生于水旁灌丛中；少见。 根入药，具有清热利胆、消炎解毒的功效，可用于急慢性肝炎、黄疸石淋、膀胱结石；深根性树种，为良好的固堤植物；茎皮纤维可制绳索。

17. 棒柄花属 *Cleidion* Blume

本属约有25种，分布于热带亚热带地区。我国有3种；广西有2种；木论有1种。

灰岩棒柄花

Cleidion bracteosum Gagnep.

小乔木。小枝无毛。叶互生；叶片卵状椭圆形或卵形，基部圆钝，具斑状腺体2~4个，背面脉腋具髯毛，边缘具疏齿。雌雄异株，雄花序腋生或近顶生；花序轴被微柔毛；雄花单朵，疏生于花序轴上；雌花腋生，花梗棒状，长2~4 cm，基部具苞片数枚；雄花萼裂片2或4枚，卵形或长圆形；雌花萼片5枚，三角形，不等大；子房卵球形，3室，密被黄色毛，花柱2深裂，基部合生，柱头具小乳头。蒴果具3个分果爿，无毛。花期12月至翌年2月，果期4~5月。

生于山坡、山谷疏林或密林；常见。 石山特有植物，为优良的石山绿化树种。

18. 血桐属 *Macaranga* Thouars

本属约有260种，产于非洲、亚洲和大洋洲热带地区。我国有16种；广西有7种；木论有2种。

分种检索表

1. 嫩枝被黄褐色柔毛；叶片盾状着生，基部钝圆 ………………………………… 印度血桐 *M. indica*
1. 嫩枝无毛；叶片非盾状着生，基部微耳状心形 ………………………安达曼血桐 *M. andamanica*

印度血桐

Macaranga indica Wight

乔木。嫩枝和花序均被黄褐色柔毛；小枝无毛。叶片卵圆形，盾状着生，具斑状腺体2个，叶缘疏生腺齿，腹面无毛或沿叶脉被疏毛，背面被柔毛和具颗粒状腺体；掌状脉9条，侧脉6对。雄花序圆锥状；苞片线状匙形，具盘状腺体1~3个，或呈鳞片状，无腺体；雄花萼片3枚，无毛；雄蕊5~7枚；雌花序圆锥状；雌花萼片4枚，被疏毛。蒴果球形，表面具颗粒状腺体。花期8~10月，果期10~11月。

生于山谷或山坡疏林中；常见。 叶入药，外用于跌打损伤；根入药，可用于胃痛、风湿骨痛、跌打损伤。

安达曼血桐

Macaranga andamanica Kurz

小乔木。嫩枝无毛，疏生颗粒状腺体。叶片长圆形或椭圆状披针形，基部微耳状心形，两侧各具斑状腺体1个，叶缘疏具细腺齿，两面无毛，背面具颗粒状腺体。雄花序总状，长约4 cm；雌花序具花1~2朵，花序梗细长，长5~10 cm；苞片2枚，叶状；雌花萼片4枚；子房2室；花柱2枚，线状，长约2.5 cm。蒴果双球形，表面具颗粒状腺体。花果期全年。

生于山坡疏林中；少见。

19. 乌桕属 *Sapium* Jacq.

本属约有120种，广泛分布于全球，主产热带地区，尤以南美洲为最多。我国有9种；广西有6种；木论有2种。

分种检索表

1. 叶片近圆形 ············ 圆叶乌桕 *S. rotundifolium*
1. 叶片菱形、菱状卵形或稀菱状倒卵形 ············ 乌桕 *S. sebiferum*

圆叶乌桕 雁来红 红叶树

Sapium rotundifolium Hemsl.

灌木或乔木。叶互生；叶片边缘全缘，背面苍白色，侧脉10~15对，离缘4~6 mm网结；叶柄圆柱形，长3~7 cm，顶端具2个腺体。花单性，雌雄同株，密集成顶生的总状花序，雌花生于花序轴下部，雄花生于花序轴上部或有时整个花序全为雄花；雄花苞片卵形，边缘流苏状，基部两侧各具1个腺体；雌花苞片与雄花的相似，每苞片内仅有1朵花；花柱3枚，基部合生。蒴果近球形，直径约1.5 cm。花期4~6月，果期10~11月。

生于山坡或山顶疏林；少见。 入秋叶变深红色，树冠鲜艳夺目，宜作石山和庭园风景绿化树；种子油可作机械润滑油；叶、果实入药，具有解毒消肿、杀虫的功效；根皮入药，具有解毒、利便的功效。

乌桕　柏子树　腊子树

Sapium sebiferum (L.) Roxb.

乔木。全株无毛，具乳状汁液。树皮具纵裂纹。叶互生；叶片菱形、菱状卵形或稀菱状倒卵形，边缘全缘，侧脉6~10对，离缘2~5 mm弯拱网结；叶柄长2.5~6 cm，顶端具2个腺体。花单性，雌雄同株，聚集成顶生、长6~12 cm的总状花序，雌花通常生于花序轴最下部；雄花苞片阔卵形，每一苞片内具10~15朵花；雌花苞片3深裂，每苞片内仅有1朵雌花，间有1朵雌花和数朵雄花同聚生于苞腋内。蒴果梨状球形，熟时黑色，直径1~1.5 cm。花期4~8月，果期10~11月。

生于路旁灌丛中或林缘；少见。　木材可作材用；叶为黑色染料；根皮入药，可用于毒蛇咬伤；种子油适作涂料，可用于制作油纸、油伞等。

20. 野桐属 *Mallotus* Lour.

本属约有150种，主要分布于亚洲热带亚热带地区。我国有28种；广西有27种；木论有5种。

分种检索表

1. 叶片盾状着生。
   2. 叶柄长5~22 cm，在离叶基0.5~5 cm处盾状着生；叶片长13~35 cm，宽12~28 cm ………………………………………………………………………………… **毛桐** *M. barbatus*
   2. 叶柄长约9 cm，在离叶基5~8 mm处盾状着生；叶片长9~16 cm，宽7~12 cm ………………………………………………………………………………… **桂野桐** *M. conspurcatus*
1. 叶片非盾状着生。
   3. 嫩枝密被白色微柔毛；叶片腹面疏被白色短柔毛和星状毛………… **小果野桐** *M. microcarpus*
   3. 嫩枝密被黄褐色短星状柔毛；成长叶腹面无毛。
      4. 灌木或小乔木；蒴果表面密被红色颗粒状腺体和粉末状毛………… **粗糠柴** *M. philippinensis*
      4. 攀缘状灌木；蒴果表面密生黄色粉末状毛和具颗粒状腺体……………… **石岩枫** *M. repandus*

毛桐

Mallotus barbatus (Wall.) Müll. Arg.

小乔木。嫩枝、叶柄和花序均被黄棕色星状长茸毛。叶互生；叶片背面密被黄棕色星状长茸毛，散生黄色颗粒状腺体，掌状脉5~7条；叶柄离叶基0.5~5 cm处盾状着生。花雌雄异株，总状花序顶生，雄花序长11~36 cm，雌花序长10~25 cm；雌花萼裂片3~5枚；花柱基部稍合生，密生羽毛状突起。蒴果表面密被淡黄色星状毛和长约6 mm的紫红色软刺。花期4~5月，果期9~10月。

生于山坡疏林中或林缘；少见。 根入药，具有清热利湿、利尿止痛的功效；叶入药，具有凉血止血的功效；茎皮纤维可供造纸制绳；种子油可作润滑油和制香皂。

桂野桐

Mallotus conspurcatus Croizat

灌木。小枝、叶和花序均密被锈色星状长柔毛。叶互生，生于小枝上部的近对生；叶片卵形或近圆形，基部圆形，腹面无毛，背面密被褐红色星状长柔毛和黄色颗粒状腺体，近基部具褐色斑状腺体6~8个，掌状脉5~8条；叶柄离叶基部5~8 mm处盾状着生，长达9 cm，具棱，密被红褐色星状毛。果序总状，长达15 cm；苞片密被星状毛。蒴果球形，表面密被深棕色星状毛和软刺。花期10~11月，果期9月。

生于石灰岩石山山顶疏林中；少见。 广西石灰岩地区特有植物。

小果野桐

Mallotus microcarpus Pax et Hoffm.

灌木。嫩枝密被白色微柔毛。叶互生，稀近对生；叶片卵形或卵状三角形，基部截平，稀心形或圆形，腹面疏被白色短柔毛和星状毛，背面被毛较密，后渐脱落变无毛；基出脉3~5条，侧脉4~5对，小脉横出且彼此平行；基部具斑状腺体2~4个。花雌雄同株或异株，总状花序；雌花序长12~14 cm；雌花子房外面密被长柔毛和疏生短刺，花柱3枚，基部稍合生，柱头密生羽状突。蒴果扁球形，具钝三棱，具3个分果爿，疏被粗短软刺和密被灰白色长柔毛。花期4~7月，果期8~10月。

生于山坡灌丛中或林缘；常见。

粗糠柴

Mallotus philippinensis (Lam.) Müll. Arg.

小乔木或灌木。小枝、嫩叶和花序均密被黄褐色短星状柔毛。叶互生或有时小枝顶部的对生；叶片腹面无毛，背面被灰黄色星状短茸毛，叶脉上被长柔毛，散生红色颗粒状腺体，基出脉3条，侧脉4~6对，近基部有褐色斑状腺体2~4个。花雌雄异株；总状花序顶生或腋生，单生或数个簇生；雄花序长5~10 cm，雄花1~5朵簇生于苞腋；雌花序长3~8 cm；雌花萼裂片3~5枚，外面密被星状毛。蒴果具2~3个分果爿，密被红色颗粒状腺体和粉末状毛。花期4~5月，果期5~8月。

生于山坡疏林或密林；少见。 优良的石山绿化树种；树皮可提取栲胶；种子油可作工业用油；根入药，可用于痢疾、咽喉肿痛等。

石岩枫

Mallotus repandus (Willd.) Müll. Arg.

攀缘状灌木。嫩枝、叶柄、花序和花梗均密被黄色星状柔毛。叶互生；叶片卵形或椭圆状卵形，嫩叶两面均被星状柔毛，成长叶仅背面脉腋被毛和散生黄色颗粒状腺体，基出脉3条，侧脉4~5对。花雌雄异株，总状花序或花序下部有分枝；雄花序顶生，稀腋生，苞腋有花2~5朵；雌花序顶生，长5~8 cm；雌花萼裂片5片，外面被茸毛，具颗粒状腺体。蒴果具2~3个分果爿，表面密生黄色粉末状毛和具颗粒状腺体。花期3~5月，果期8~9月。

生于路旁疏林中或林缘；少见。 根、茎、叶入药，具有祛风活络、舒筋止痛、散血解表、解热的功效；茎皮纤维可编绳用。

21. 山麻杆属 *Alchornea* Sw.

本属有50种，分布于热带亚热带地区。我国有8种；广西有4种；木论有1种1变种。

分种检索表

1. 叶背浅红色，仅沿脉被微柔毛 ……………………………………………红背山麻杆 *A. trewioides*
1. 叶背灰绿色，被柔毛 …………………………………………… **绿背山麻杆** *A. trewioides* var. *sinica*

红背山麻杆

Alchornea trewioides (Benth.) Müll. Arg.

灌木。小枝被灰色微柔毛。叶片阔卵形，基部浅心形或近截平，边缘疏生具腺小齿，腹面无毛，背面浅红色，仅沿脉被微柔毛，基部具斑状腺体4个；基出脉3条。雌雄异株，雄花序穗状，腋生或生于一年生小枝已落叶腋部；雌花序总状，顶生，各部均被微柔毛；雌花萼片5~6枚，被短柔毛；子房球形，被短茸毛；花柱3枚，合生部分长不及1 mm。蒴果球形，具3圆棱。花期3~5月，果期6~8月。

生于山坡疏林或路旁灌丛中；常见。 根、叶入药，具有清热利湿、散瘀止血的功效；茎皮纤维可作造纸原料；叶可作绿肥。

22. 铁苋菜属 *Acalypha* L.

本属约有450种，广泛分布于热带亚热带地区。我国约有17种；广西有9种；木论有1种。

铁苋菜

Acalypha australis L.

一年生草本。小枝被贴生柔毛。叶片边缘具圆齿，腹面无毛，背面沿中脉被柔毛，基出脉3条。雌雄花同序，腋生，稀顶生；雌花苞片1~2（4）枚，卵状心形，花后增大，边缘具三角形齿，苞腋具雌花1~3朵；子房3室，具疏毛。蒴果具3个分果爿，表皮具疏生毛和毛基变厚的小瘤体。花果期4~12月。

生于路旁灌丛中；少见。　全草或地上部分入药，具有清热解毒、利水、化痰止咳、杀虫、收敛止血的功效。

虎皮楠科 Daphniphyllaceae

本科有1属25~30种，分布于亚洲东南部。我国有10种；广西有6种；木论有3种，其中1种有待研究确定，在此暂不描述。

分种检索表

1. 叶片较大，大小差异较大；叶柄长4~8 cm；果基部明显具宿存萼片 …… **牛耳枫** *D. calycinum*
1. 叶片较小，大小差异不大；叶柄长2~3.5 cm；果基部通常无宿存萼片 …… **虎皮楠** *D. oldhami*

牛耳枫

Daphniphyllum calycinum Benth.

灌木。叶片阔椭圆形或倒卵形，先端具短尖头，基部阔楔形，边缘全缘，腹面具光泽，背面多少被白粉，具细小乳突体，侧脉8~11对。总状花序腋生，长2~3 cm；雄花花梗长8~10 mm，雄蕊9~10枚；雌花花梗长5~6 mm，萼片3~4枚，子房椭圆形，柱头2枚。果序长4~5 cm；果卵圆形，长约7 mm，被白粉，具小疣状突起，顶部具宿存柱头，基部具宿存萼。花期4~6月，果期8~11月。

生于山坡、山谷疏林、密林中或林缘；常见。种子榨油可制肥皂或作润滑油；根、叶入药，具有清热解毒、活血散瘀的功效。

虎皮楠

Daphniphyllum oldhami (Hemsl.) Rosenth.

乔木、小乔木或灌木。叶片最宽处常在叶上部，先端急尖或渐尖或短尾尖，基部楔形或钝，边缘反卷，背面通常显著被白粉，具细小乳突体，侧脉8~15对，在两面突起；叶柄长2~3.5 cm。雄花序长2~4 cm，雌花序长4~6 cm；萼片4~6枚，披针形；子房长卵形，被白粉，柱头2裂。果椭圆形或倒卵圆形，顶部具宿存柱头，基部无宿存萼片或多少残存。花期3~5月，果期8~11月。

生于山坡疏林；少见。　种子榨油可供制皂；根、叶入药，具有清热解毒、活血散瘀的功效；种子可用于疮疖肿毒。

鼠刺科 Escalloniaceae

本科有23属约350种，分布于亚洲东部热带亚热带地区及北美洲。我国有3属75种；广西有2属15种；木论有1属2种1变种。

鼠刺属 *Itea* L.

本属有27种，主要分布于亚洲东南部至中国和日本，仅1种产于北美洲。我国有15种；广西有14种；木论有2种1变种，其中1种还有待进一步研究确定，在此暂不描述。

分种检索表

1. 小枝无毛；叶片两面无毛……………………………………………………… 厚叶鼠刺 *I. coriacea*
1. 小枝被密柔毛；叶片腹面无毛，背面沿脉或至少在脉腋内被短柔毛 ……………………………………………………………………………………… 毛脉鼠刺 *I. indochinensis* var. *pubinervia*

厚叶鼠刺

Itea coriacea Y. C. Wu

灌木或稀小乔木。小枝无毛，具明显纵条棱。叶片边缘除近基部外具圆状齿，齿端有硬腺点，两面无毛，具疏或密腺体，侧脉5~6对；叶柄无毛。总状花序腋生，稀兼顶生，长达15 cm；花序轴及花梗均被短柔毛；花瓣白色，边缘及内面均被疏微柔毛；雄蕊明显伸出花瓣；花丝基部被微柔毛；子房上位，被短柔毛。蒴果锥形，长约7 mm，被疏柔毛，熟时2裂。花期4~5月。

生于山坡疏林中或林缘；少见。 叶入药，可用于刀伤出血。

毛脉鼠刺

Itea indochinensis Merr. var. *pubinervia* (Chang) C. Y. Wu

灌木或小乔木。小枝密被柔毛；老枝常变无毛。叶片边缘具细齿，腹面无毛，背面沿脉或至少在脉腋内被短柔毛，侧脉6~8对。总状花序，腋生的总状花序少于4个；花序轴和花梗均被密长柔毛；花瓣白色；子房半上位，被毛。蒴果被毛，熟时从基部开裂。花期3~5月，果期5~12月。

生于山坡疏林中或林缘；少见。 叶入药，具有消肿、止血的功效，可用于刀伤出血、骨折。

绣球花科 Hydrangeaceae

本科有17属约220种，分布于亚洲、欧洲、美洲及太平洋岛屿的亚热带和温带地区。我国有10属100多种；广西有8属32种；木论有2属3种。

分属检索表

1. 花全部为可育花；萼片不扩大成花瓣状……………………………………………… 1. 溲疏属 *Deutzia*
1. 花有可育花和不育花；萼片扩大成花瓣状……………………………………… 2. 绣球属 *Hydrangea*

1. 溲疏属 *Deutzia* Thunb.

本属约有60种，分布于北半球温带地区。我国有50种；广西有1种；木论亦有。

四川溲疏

Deutzia setchuenensis Franch.

灌木。老枝外皮常片状脱落，无毛；花枝疏被紧贴的星状毛。叶片先端渐尖或尾状，边缘具细齿，腹面被3~6条辐射状的星状毛，背面被4~8条辐射状的星状毛，侧脉每边3~4条。伞房状聚伞花序有花6~20朵；花序梗柔弱，被星状毛；花瓣白色；萼裂片阔三角形，外面密被星状毛；花柱3枚。蒴果球形，直径4~5 mm；宿存萼裂片内弯。花期4~7月，果期6~9月。

生于山坡、山谷疏林或灌丛中；少见。　全草入药，具有清热除烦、化食、利尿、除胃热、活血镇痛、驱蚊的功效。

2. 绣球属 *Hydrangea* L.

本属约有70种，分布于北半球温带地区。我国有45种；广西有17种；木论有2种。

分种检索表

1. 叶片背面密被灰白色、直或稍弯曲、彼此略交结的短柔毛，脉上的毛稍长；花柱多数3枚，少有2枚 ………… **马桑绣球** *H. aspera*
1. 叶片背面密被灰白色糙伏毛；花柱2枚 ………… **蜡莲绣球** *H. strigosa*

马桑绣球

Hydrangea aspera D. Don

灌木或小乔木。枝略具四钝棱，密被黄白色短糙伏毛和颗粒状鳞秕。叶片边缘具短尖头的不规则锯形小齿，腹面被疏糙伏毛，背面密被黄褐色颗粒状腺体和灰白色短柔毛，侧脉7~10对。伞房状聚伞花序，直径15~25 cm，密被褐黄灰色短粗毛；不育花萼片4枚，绿白色；孕性花萼筒钟状，雄蕊不等长，子房下位。蒴果坛状，顶端截平。花期8~9月，果期10~11月。

生于山坡疏林或密林中、路旁灌丛中；少见。　根入药，具有消食积、健脾利湿、清热解毒、消暑止渴的功效；叶入药，可用于糖尿病；树皮、枝入药，具有接筋骨、利湿截疟的功效；花蓝色，美丽，可作观赏花卉。

蔷薇科 Rosaceae

本科有95~125属2825~3500种，广泛分布于全球，以北温带地区最多。我国约有55属950种；广西有32属237种；木论有17属42种5变种。

分属检索表

1. 果为开裂的蓇葖果，稀蒴果；稀有托叶 ……………………………………… 1. **绣线菊属** *Spiraea*
1. 果不开裂；具托叶。
  2. 子房下位、半下位，稀上位；梨果或浆果状，稀小核果。
    3. 心皮成熟时变为革质或纸质。
      4. 复伞房花序或圆锥花序，有花多朵。
        5. 心皮一部分与萼筒离生；子房半下位……………………………… 3. **石楠属** *Photinia*
        5. 心皮全部合生；子房下位……………………………………………… 4. **枇杷属** *Eriobotrya*
      4. 伞形花序或总状花序，有时花单生。
        6. 花柱离生；果实常有多数石细胞……………………………………………… 5. **梨属** *Pyrus*
        6. 花柱基部合生；果实多无石细胞…………………………………………… 6. **苹果属** *Malus*
    3. 心皮成熟时变为坚硬骨质…………………………………………………… 2. **火棘属** *Pyracantha*
  2. 子房上位，少数下位。
    7. 心皮常多数；瘦果，具宿存萼；叶常为复叶。
      8. 灌木，极稀草本。
        9. 单叶、羽状复叶或掌状复叶；小核果多数，球形，着生在球形或圆锥状花托上
          ……………………………………………………………………………… 7. **悬钩子属** *Rubus*
        9. 羽状复叶；瘦果多数着生在坛状花托内面…………………………………… 8. **蔷薇属** *Rosa*
      8. 草本，极稀灌木。
        10. 复叶具小叶 3~5 片，基生；花黄色 ………………………………… 9. **蛇莓属** *Duchesnea*
        10. 复叶具小叶多数。
          11. 心皮着生于头状或椭圆状花托上；花柱顶生，上部弯曲，有关节
            ………………………………………………………………………… 10. **路边青属** *Geum*
          11. 心皮着生在杯状或微凹花托上；花柱直立，无钩。
            12. 萼筒外面具1圈钩刺 …………………………………… 11. **龙芽草属** *Agrimonia*
            12. 萼筒外面不具钩刺 ……………………………………… 12. **委陵菜属** *Potentilla*
    7. 心皮常为 1 个；核果，萼常脱落；单叶。
      13. 总状花序长，花多朵或在10朵以上。
        14. 叶片边缘全缘；花被片5~10（15）枚……………………………… 13. **臀果木属** *Pygeum*
        14 . 叶片边缘全缘或具锯齿；花被片5枚…………………………… 14. **桂樱属** *Laurocerasus*
      13. 花常单生、簇生或排成聚伞状、伞房状花序。
        15. 腋芽单生。
          16. 果无毛，常被白霜；花有短梗；花、叶同开 ………………………… 15. **李属** *Prunus*
          16. 果常被茸毛；花常无梗；花先叶开 ……………………………… 16. **杏属** *Armeniaca*
        15. 腋芽 3 个并生………………………………………………………………… 17. **桃属** *Amygdalus*

1. 绣线菊属 *Spiraea* L.

本属约有100种，分布于北半球亚热带至温带山区。我国有70种；广西有8种；木论有1种。

绣球绣线菊

Spiraea blumei G. Don

灌木。小枝无毛。叶片边缘自近中部以上有少数圆钝缺刻状齿或3~5浅裂，两面无毛，基部具不显明的3脉或羽状脉。伞形花序，无毛，具花10~25朵；萼筒钟状，外面无毛，内面被短柔毛；花瓣白色；雄蕊18~20枚，较花瓣短。蓇葖果无毛。花期4~6月，果期8~10月。

生于山坡、山顶疏林或密林；少见。 优良的庭园观赏树；叶可代茶；根或根皮入药，具有调气止痛、散瘀的功效；果实入药，可用于腹胀痛。

2. 火棘属 *Pyracantha* M. Roem.

本属约有10种，分布于亚洲东部至欧洲东南部。我国有7种；广西有4种；木论有2种。

分种检索表

1. 叶片边缘全缘或有时具不显明的细齿……………………………………全缘火棘 *P. atalantioides*
1. 叶片边缘具明显钝齿，近基部全缘 ………………………………………… 火棘 *P. fortuneana*

全缘火棘

Pyracantha atalantioides (Hance) Stapf

常绿灌木或小乔木。嫩枝有黄褐色或灰色柔毛，老枝无毛。叶片椭圆形或长圆形，稀长圆状倒卵形，边缘全缘或有时具不显明的细齿，老时两面无毛，背面微带白霜。复伞房花序；花梗和花萼外面均被黄褐色柔毛；萼筒钟状；花瓣白色，卵形；雄蕊20枚；花柱5枚，与雄蕊等长，子房上部密被白色茸毛。梨果扁球形，熟时亮红色。花期4~5月，果期9~11月。

生于山坡疏林或林缘；常见。 果实、叶、根入药，具有清热解毒、凉血活血、消肿止痛、止血止泻、拔脓的功效；果实可生食或磨粉作代食品。

火棘　救兵粮　火把果

Pyracantha fortuneana (Maxim.) Li

常绿灌木。侧枝短，顶端成刺状。叶片倒卵形或倒卵状长圆形，先端圆钝或微凹，有时具短尖头，基部楔形，下延至叶柄，边缘具钝齿，齿尖向内弯，近基部全缘，两面皆无毛。花排成复伞房花序，花序梗和总梗近于无毛；花瓣白色，近圆形；花柱5枚，离生，子房上部密被白色柔毛。果近球形，直径约5 mm，熟时橘红色或深红色。花期3~5月，果期8~11月。

生于阳坡灌丛及河沟路旁；常见。　可作绿篱；果实可食，或磨粉作代食品；果亦可入药，具有消积止痢、活血止血的功效；根入药，具有清热凉血的功效；叶入药，具有清热解毒的功效。

3. 石楠属 *Photinia* Lindl.

本属约有60种，分布于亚洲东部和南部。我国约有43种；广西有30种；木论有6种1变种。

分种检索表

1. 叶柄被茸毛，或叶柄幼时被茸毛，后脱落。
  2. 叶片边缘全缘或具不明显的齿，背面中脉和侧脉被茸毛。
    3. 萼筒筒状，外面密被茸毛 ……………… 独山石楠 *P. tushanensis*
    3. 萼筒钟状，外面无毛 ……………… **厚叶石楠** *P. crassifolia*
  2. 叶片边缘具尖锐内弯细齿或疏生具腺细齿，两面无毛。
    4. 侧脉9~13对；伞房花序顶生，直径2~4 cm ……………… 罗城石楠 *P. lochengensis*
    4. 侧脉25~30对；复伞房花序顶生，直径10~16 cm ……………… 石楠 *P. serratifolia*
1. 叶柄无毛。
  5. 叶柄较长，长1~1.5 cm；侧脉10~18对 ……………… **光叶石楠** *P. glabra*
  5. 叶柄较短，长不足0.5 cm；侧脉不足10对。
    6. 叶柄长1~2 mm，无毛；无花序梗，花梗无毛 ……………… 小叶石楠 *P. parvifolia*
    6. 叶柄长5~8 mm，无毛或稍被茸毛；花序梗和花梗具白色柔毛 ……………… **毛序陷脉石楠** *P. impressivena* var. *urceolocarpa*

独山石楠

Photinia tushanensis Yü

常绿灌木。叶片长圆状椭圆形，先端急尖或圆钝，具短尖头，基部圆形，边缘全缘或波状缘，腹面初被茸毛，后脱落无毛或近无毛，背面密被黄褐色茸毛；侧脉13~15对；无叶柄或有短粗叶柄。花多数，密集成顶生复伞房花序；花序梗和花梗密被灰色茸毛；萼筒筒状，外面密被灰色茸毛；萼裂片外面被茸毛；子房外面被茸毛。花期7月。

生于山坡疏林或天坑中；少见。 花、果实入药，可用于久咳不止。

罗城石楠

Photinia lochengensis T. T. Yu

小乔木或灌木。小枝细弱，幼时疏被柔毛；冬芽无毛。叶片革质，倒披针形，稀披针形，先端急尖，常具短尖头，边缘微向外反卷并有起伏，具尖锐内弯细齿，除幼时在中肋稍被柔毛外，两面无毛，侧脉9~13对；叶柄长5~8 mm。花呈顶生伞房花序；总花梗和花梗无毛；花瓣白色，倒卵形；雄蕊20枚，短于花瓣；子房顶端被白色柔毛。果实近球形至卵球形，无毛，具宿存内弯萼片。花期7~9月。

生于石灰岩石山山坡、山顶疏林或溪边；少见。 可作为石灰岩石山绿化树种。

小叶石楠 山红子 牛筋木

Photinia parvifolia (Pritz.) Schneid.

落叶灌木。小枝红褐色，无毛，散生黄色皮孔。叶片先端渐尖或尾尖，基部宽楔形或近圆形，边缘有具腺尖锐齿，腹面初疏被柔毛，以后无毛，背面无毛。花2~9朵排成伞形花序，生于侧枝顶端，无花序梗；花瓣白色；雄蕊20枚，较花瓣短。果熟时橘红色或紫色，无毛，有直立宿存萼片。花期4~5月，果期7~8月。

生于石山山坡疏林中或林缘；少见。 根入药，具有行血活血、止痛的功效，可用于牙痛、黄疸、乳痈等。

4. 枇杷属 *Eriobotrya* Lindl.

本属约有30种，分布于亚洲亚热带及温带地区。我国有14种；广西有5种；木论有3种。

分种检索表

1. 叶柄具灰棕色茸毛；叶片背面密被灰棕色茸毛…………………………………… **枇杷** *E. japonica*
1. 叶柄无毛；叶片两面无毛，或背面幼时被长柔毛，以后脱落。
   2. 叶片长3~6 cm，宽1.2~2 cm；小枝无毛 ……………………………………**小叶枇杷** *E. seguinii*
   2. 叶片长9~23 cm，宽3.5~13 cm；小枝幼时密被茸毛，后无毛 …………… **齿叶枇杷** *E. serrata*

枇杷

Eriobotrya japonica (Thunb.) Lindl.

常绿小乔木。小枝密被锈色或灰棕色茸毛。叶片上部边缘具疏齿，基部全缘，背面密被灰棕色茸毛，侧脉11~21对。圆锥花序顶生，长10~19 cm；花序梗和花梗均密被锈色茸毛；萼筒浅杯状，萼片三角卵形，萼筒及萼片外面被锈色茸毛；花瓣白色，被锈色茸毛；花柱5枚，离生，子房顶部被锈色柔毛。果球形或长圆形，熟时黄色或橘黄色，外被锈色柔毛。花期10~12月，果期5~6月。

生于山谷、山坡疏林中或林缘。 成熟果实可食；叶晒干去毛可入药，具有化痰止咳、和胃降气的功效，可用于肺热咳嗽、胃热呕逆；种子入药，可用于肝区痛、慢性肝炎。

小叶枇杷

Eriobotrya seguinii (Lévl.) Card. ex Guillaumin

常绿灌木。小枝无毛。叶片长圆形或倒披针形，基部下延成窄翅状短叶柄，边缘具紧贴内弯钝齿，腹面无毛，背面幼时被长柔毛，以后脱落；叶柄无毛。圆锥花序或总状花序顶生，长1~4 cm，密被锈色茸毛；萼筒短钟状，外面密被锈色茸毛；花瓣无毛；雄蕊15枚；花柱3~4枚，子房3~4室。果卵形，微被柔毛。花期3~4月，果期6~7月。

生于石灰岩石山山顶或山坡密林中；少见。

5. 梨属 *Pyrus* L.

本属有25种，分布于亚洲、欧洲和北美洲。我国有15种；广西有4种；木论有2种。

分种检索表

1. 叶片边缘具带刺芒的尖锐齿……………………………………………………… 沙梨 *P. pyrifolia*
1. 叶片边缘具钝齿，不具刺芒 ………………………………………………………豆梨 *P. calleryana*

豆梨

Pyrus calleryana Decne.

乔木。小枝在幼嫩时被茸毛，后脱落。叶片边缘具钝齿，两面无毛；叶柄无毛。伞形总状花序，具花6~12朵；花序梗和花梗均无毛；萼片全缘，外面无毛，内面被茸毛；花瓣卵形，白色；雄蕊20枚，稍短于花瓣。梨果球形。花期4月，果期8~9月。

生于山坡树林或山谷中；少见。根入药，可用于肝炎、风湿骨痛、跌打损伤；树皮、果实入药，可用于食滞、吐泻、反胃、腹痛转筋、痢疾。

6. 苹果属 *Malus* Mill.

本属约有55种，分布于北半球温带地区。我国有25种；广西有8种；木论有1种。

三叶海棠　山楂子

Malus toringo (Siebold) Siebold ex de Vriese

灌木。小枝圆柱形，略有棱角。叶片卵形、椭圆形或长椭圆形，先端急尖，基部圆形或宽楔形，边缘具尖锐锯齿，在新枝上的叶片的齿粗锐，常3浅裂，幼叶两面均被短柔毛，老叶腹面近无毛；叶柄长1~2.5 cm，被短柔毛。花4~8朵集生于小枝顶端，花梗长2~2.5 cm；花瓣淡粉红色，在花蕾时颜色较深；花柱3~5枚，基部有长柔毛，较雄蕊稍长。果实近球形，直径6~8 mm，红色或褐黄色。花期4~5月，果期8~9月。

生于山坡疏林下或灌丛中，少见。春季开花甚美丽，可供观赏；根、果实入药，可用于肠炎、痢疾、消化不良；茎、叶入药，可用于清热解毒、生津止渴；果实可代“山楂”药用。

7. 悬钩子属 *Rubus* L.

本属约有700种，分布于全球，主产于北半球温带地区，少数分布至热带地区和南半球。我国有208种；广西有74种；木论有13种1变种。

分种检索表

1. 叶为复叶，偶为单叶。
  2. 小叶3~11片，非革质。
    3. 植株无刺毛及腺毛；果红色或紫黑色。
      4. 果红色，无毛或被疏柔毛。
        5. 花萼外面被柔毛和腺点；小叶5~7片……………………………………… **空心泡** *R. rosifolius*
        5. 花萼外面被柔毛和针刺；小叶3~5片…………………………………… **茅莓** *R. parvifolius*
      4. 果红色至黑色，密被灰白色茸毛；小叶7~11片 ……………………… **红泡刺藤** *R. niveus*
    3. 植株具刺毛，有时兼具腺毛；果金黄色。
      6. 叶片倒卵形，先端浅心形或近截形，背面密被绒毛 …**栽秧泡** *R. ellipticus* var. *obcordatus*
      6. 叶片椭圆形，稀卵形或倒卵形，先端尾尖或急尖，背面无毛或仅沿叶脉被疏毛 ………………………………………………………………………**红毛悬钩子** *R. wallichianus*
  2. 小叶通常3片，稀5片，革质 ………………………………………… **白花悬钩子** *R. leucanthus*
1. 叶为单叶。
  7. 托叶着生在叶柄上，且基部以上与叶柄连合 …………………………… **山莓** *R. corchorifolius*
  7. 托叶着生在叶柄基部或茎上，离生。
    8. 叶片背面无毛。
      9. 叶片基部圆形…………………………………………………………… **梨叶悬钩子** *R. pirifolius*
      9. 叶片基部心形至深心形…………………………………………………… **高粱泡** *R. lambertianus*
    8. 叶片背面被茸毛。
      10. 枝、叶柄和花序无毛，枝明显具白粉 ……………………… **长叶悬钩子** *R. dolichophyllus*
      10. 枝、叶柄和花序被毛，枝不具白粉。
        11. 叶片卵形、长卵形、椭圆形至长圆状椭圆形，腹面无囊泡状小突起。
          12. 叶片背面密被黄色至锈色茸毛 ………………………………… **桂滇悬钩子** *R. shihae*
          12. 叶片背面密被灰白色或黄白色茸毛 ………………………… **黄脉莓** *R. xanthoneurus*
        11. 叶片近圆形，腹面有囊泡状小突起 …………………………**粗叶悬钩子** *R. alceifolius*

空心泡

Rubus rosifolius Sm.

直立或攀缘灌木。小叶5~7片，卵状披针形或披针形，两面疏被柔毛，老时几无毛，背面沿中脉被稀疏小皮刺，边缘具尖锐缺刻状重齿；托叶卵状披针形或披针形，被柔毛；花常1~2朵顶生或腋生；花瓣长圆形、长倒卵形或近圆形，白色，基部具爪，长于萼片；雌蕊多数，花柱和子房无毛；花托具短梗。果卵球形或长圆状卵圆形，熟时红色，无毛。花期3~5月，果期6~7月。

生于路旁灌丛或疏林中；常见。 根、嫩枝及叶入药，具有清热止咳、止血、祛风湿的功效；果实入药，可用于夜尿多、阳痿、遗精。

茅莓

Rubus parvifolius L.

灌木。枝呈弓形弯曲状，被柔毛和稀疏钩状皮刺；小叶3片，稀5片，菱状圆形或倒卵形，腹面伏生疏柔毛，背面密被灰白色茸毛；叶柄长2.5~5 cm，顶生小叶柄长1~2 cm，均被柔毛和稀疏小皮刺。伞房花序顶生或腋生，稀短总状花序，被柔毛和细刺；花瓣卵圆形或长圆形，粉红色至紫红色；雄蕊花丝白色，稍短于花瓣；子房具柔毛。果卵球形，熟时红色。花期5~6月，果期7~8月。

生于路旁灌丛或山坡疏林中；少见。 果可食用、酿酒及制醋等；根和叶可提取栲胶；全株入药，具有止痛、活血、祛风湿及解毒的功效。

红泡刺藤

Rubus niveus Thunb.

灌木。枝被白色蜡粉，疏生钩状皮刺。小叶常7~9片，稀5或11片；顶生小叶卵形或椭圆形，腹面无毛或仅沿叶脉被柔毛，背面被灰白色茸毛，有时具3裂片；顶生小叶柄长0.5~1.5 cm，侧生小叶近无柄，与叶轴均被茸毛状柔毛和稀疏钩状小皮刺。伞房花序或短圆锥状花序；花序梗和花梗被茸毛状柔毛；花瓣近圆形，红色。果半球形，熟时深红色转为黑色，密被灰白色茸毛。花期5~7月，果期7~9月。

生于路旁或山坡灌丛中；少见。 根皮含鞣质，可浸提栲胶；果可食用及酿酒；根、叶入药，具有清热祛风利湿、收敛止血、止咳消炎、调经止带的功效。

栽秧泡

Rubus ellipticus Sm. var. *obcordatus* (Franch.) Focke

灌木。小枝被较密的紫褐色刺毛或腺毛，并具柔毛和稀疏钩状皮刺。小叶3片，顶生小叶比侧生者大得多，背面密被茸毛，沿叶脉有紫红色刺毛；顶生小叶柄长2~3 cm，侧生小叶近无柄。总状花序顶生，或腋生成束，稀单生；花瓣匙形，白色或浅红色。果近球形，熟时金黄色，无毛或小核果顶部被柔毛。花期3~4月，果期4~5月。

生于路旁灌丛中；少见。　根入药，具有通络、消肿、清热、止泻的功效。

山莓

Rubus corchorifolius L. f.

直立灌木。枝具皮刺，幼时被柔毛。单叶；叶片卵形至卵状披针形，基部微心形，腹面沿叶脉被细柔毛，背面幼时密被细柔毛，渐脱落至近无毛，沿中脉疏生小皮刺，边缘不分裂或3裂，基出脉3条。花单生或少数生于短枝上；花萼外密被细柔毛，无刺；花瓣白色，长于萼片。果近球形或卵球形，熟时红色，密被细柔毛。花期2~3月，果期4~6月。

生于路旁灌丛中；少见。 果、根、叶入药，具有活血、解毒、止血的功效；根皮、茎皮、叶可提取栲胶。

高粱泡 细烟管子

Rubus lambertianus Ser.

藤状灌木。枝幼时被细柔毛或近无毛，有微弯小皮刺。单叶；叶片宽卵形，稀长圆状卵形，基部心形，腹面疏被柔毛或沿叶脉被柔毛，背面被疏柔毛，沿叶脉毛较密，边缘明显3~5裂或呈波状，有细齿。圆锥花序顶生，生于枝上部叶腋内的花序常近总状，有时仅数朵花簇生于叶腋；花序梗、花梗和花萼均被细柔毛；花瓣白色，无毛，稍短于萼片。果近球形，直径6~8 mm，无毛，熟时红色。花期7~8月，果期9~11月。

生于山坡、山谷或路旁灌丛中阴湿处或林缘；少见。 果实成熟后可食用及酿酒；根、叶入药，具有清热散瘀、止血的功效。

粗叶悬钩子

Rubus alceifolius Poir.

攀缘灌木。枝被黄灰色至锈色茸毛状长柔毛，有稀疏皮刺。单叶；叶片近圆形或宽卵形，基部心形，腹面疏被长柔毛，并有囊泡状小突起，背面密被黄灰色至锈色茸毛，边缘不规则3~7浅裂，基出脉5条。顶生狭圆锥花序或近总状，也成腋生头状花束，稀为单生；花瓣白色，与萼片近等长；子房无毛。果近球形，肉质，熟时红色。花期7~9月，果期10~11月。

生于路旁灌丛中或山坡疏林；常见。根、叶入药，具有活血祛瘀、清热止血的功效。

8. 蔷薇属 *Rosa* L.

本属约有200种，广泛分布于亚洲、欧洲、非洲北部、北美洲寒温带至亚热带地区。我国有95种；广西有21种；木论有4种1变种。

分种检索表

1. 老叶背面密被柔毛……………………………………………………………… **悬钩子蔷薇** *R. rubus*
1. 老叶背面无毛。
  2. 小叶通常9~15片 ……………………………………………………………… **缫丝花** *R. roxburghii*
  2. 小叶通常3~5片。
    3. 小叶通常3~5片，稀7片 …………………………………………………… **小果蔷薇** *R. cymosa*
    3. 小叶通常3片，稀5片。
      4. 小枝无毛；叶片背面幼时沿中肋被腺毛，老时渐无毛；花瓣白色 … **金樱子** *R. laevigata*
      4. 小枝具基部压扁的弯曲皮刺，有时密被刺毛；叶片背面无毛；花瓣紫红色 ……………
      ………………………………………………………………… **单瓣月季花** *R. chinensis* var. *spontanea*

悬钩子蔷薇

Rosa rubus Lévl. et Vant.

匍匐灌木。小枝圆柱形，通常被柔毛，幼时较密，老时脱落；皮刺短粗、弯曲。羽状复叶具小叶5片；小叶基部近圆形或宽楔形，边缘具尖锐齿，腹面通常无毛或偶被柔毛，背面密被柔毛或有稀疏柔毛；小叶柄和叶轴被柔毛和散生的小沟状皮刺。花10~25朵排成圆锥状伞房花序；花序梗和花梗均被柔毛和稀疏腺毛；花直径2.5~3 cm；花瓣白色。果近球形，熟时猩红色至紫褐色，花后萼片反折。花期4~6月，果期7~9月。

生于路旁灌丛或山坡疏林中；少见。 根皮含鞣质11%~19%，可提制栲胶；鲜花可提制芳香油及浸膏；根入药，具有清热利湿、收敛、固涩的功效；果实入药，具有清肝热、解毒的功效；叶入药，具有止血化瘀的功效。

缫丝花

Rosa roxburghii Tratt.

灌木。小枝有基部稍扁而成对的皮刺。小叶9~15片，边缘具细锐齿，两面无毛；叶轴和叶柄有散生小皮刺；托叶大部贴生于叶柄，边缘被腺毛。花单生或2~3朵生于短枝顶端；小苞片2~3枚，边缘被腺毛；萼片羽状分裂，内面密被茸毛，外面密被针刺；花瓣重瓣至半重瓣，淡红色或粉红色；心皮着生于花托底部；花柱离生，被毛。果扁球形，熟时绿红色，外面密生针刺。花期5~7月，果期8~10月。

生于山坡疏林中；少见。　果实味甜酸，可供食用及药用，还可酿酒；根煮水可用于痢疾；花美丽，可栽培供观赏用。

小果蔷薇　白刺花

Rosa cymosa Tratt.

攀缘灌木。小枝圆柱形，有钩状皮刺。小叶3~5片，稀7片，边缘具紧贴或尖锐细齿，两面均无毛；小叶柄和叶轴均被稀疏皮刺和腺毛。复伞房花序；萼片卵形，常羽状分裂，外面近无毛，稀有刺毛，内面被稀疏白色茸毛；花瓣白色，先端凹；花柱密被白色柔毛。果球形，熟时红色至黑褐色。花期5~6月，果期7~11月。

生于路旁灌丛或山坡疏林中；少见。　根、果实入药，具有消肿止痛、祛风除湿、镇咳、止血解毒、补脾固涩的功效；叶入药，具有生肌收敛、解毒的功效；种子入药，具有祛风湿、泻下、利尿的功效。

金樱子

Rosa laevigata Michx.

常绿攀缘灌木。小枝无毛。小叶通常3片，稀5片，椭圆状卵形、倒卵形或披针状卵形，边缘具锐齿，腹面无毛，背面幼时沿中肋被腺毛，老时渐无毛；小叶柄和叶轴均被皮刺和腺毛。花单生于叶腋，花梗和萼筒密被腺毛，腺毛随果实成长变为针刺；花瓣白色，宽倒卵形。果梨形、倒卵形，稀近球形，熟时紫褐色，外面密被刺毛。花期4~6月，果期7~11月。

生于路旁灌丛中；常见。　果实可熬糖及酿酒。根、叶、果实入药，根具有活血散瘀、祛风除湿、解毒收敛及杀虫等功效；叶外用治疮疖、烧烫伤；果能止腹泻，对流感病毒有抑制作用；根皮含鞣质，可提取栲胶。

单瓣月季花

Rosa chinensis Jacq. var. *spontanea* (Rehd.et Wils.) Yü et Ku

直立或攀缘灌木。小枝粗壮，枝条圆柱形，有宽扁皮刺。小叶3~5片，连叶柄长5~11 cm；小叶片宽卵形至卵状长圆形，边缘具锐齿，两面近无毛，腹面暗绿色，常带光泽；顶生小叶片有柄；侧生小叶片近无柄；叶柄较长，有散生皮刺和腺毛；托叶大部贴生于叶柄，边缘常被腺毛。花单生，直径4~5 cm；花瓣红色，单瓣；萼片边缘常全缘，稀有分裂。果卵球形或梨形，萼片脱落。花期4~5月，果期6~9月。

生于山坡疏林或密林中；罕见。 国家二级重点保护植物；为月季花原始种；花大且艳丽，可栽培供观赏。

9. 蛇莓属 *Duchesnea* Sm.

本属有10种，分布于亚洲南部、欧洲及北美洲。我国有2种；广西2种均有；木论有1种。

蛇莓

Duchesnea indica (Andrews) Focke

多年生草本。匍匐茎被柔毛。小叶片倒卵形至菱状长圆形，边缘具钝齿，两面皆被柔毛或腹面无毛；叶柄长1~5 cm，被柔毛。花单生于叶腋；花梗长3~6 cm，被柔毛；萼片卵形，外面被散生柔毛；副萼片倒卵形，先端常具3~5枚齿；花瓣黄色；雄蕊20~30枚；花托在果期膨大，海绵质，鲜红色，外面有长柔毛。花期6~8月，果期8~10月。

生于山坡灌丛中或草地；常见。　全草入药，具有散瘀消肿、收敛止血、清热解毒的功效，可用于感冒发热、咳嗽止血、咽喉肿痛、痢疾等，外用治目赤、烧烫伤、毒蛇咬伤等。

10. 路边青属 *Geum* L.

本属约有70种，分布于温带地区。我国有3种；广西有1变种；木论亦有。

柔毛路边青

Geum japonicum Thunb. var. *chinense* F. Bolle

多年生草本。茎被黄色短柔毛及粗硬毛。基生叶为大头羽状复叶，通常有小叶1~2对；顶生小叶最大，浅裂或不裂，两面被稀疏糙伏毛；下部茎生叶3小叶；上部茎生叶单叶，3浅裂。花序顶生，具花数朵；花梗密被粗硬毛及短柔毛；副萼片比萼片短一半多，外面被短柔毛；花瓣黄色，比萼片长；花柱在上部1/4处扭曲。聚合果卵球形或椭球形；瘦果被长硬毛。花果期5~10月。

生于山坡、山谷疏林中或路旁；少见。　全草入药，具有降压、镇痉、止痛、消肿解毒、祛风除湿、补脾肾的功效。

11. 龙芽草属 *Agrimonia* L.

本属约有10种，产于热带和北温带地区的高山及拉丁美洲。我国有4种；广西有3种；木论有1变种。

小花龙牙草

Agrimonia nipponica Kpidz. var. *occidentalis* Koidz.

多年生草本。茎上部密被短柔毛，下部密被黄色长硬毛。叶为间断奇数羽状复叶，下部叶通常有小叶3对，稀2对，最下面一对小叶通常较小；小叶片无柄或有短柄，腹面被伏生疏柔毛，背面沿脉上横生稀疏长硬毛。花序通常分枝，纤细；花直径4~5 mm；花柱2枚，柱头头状。果的宿存萼筒钟状，半球形，外面有10条肋，被疏柔毛，顶部具数层钩刺。花果期8~11月。

生于路旁灌丛或疏林中；少见。　全草入药，具有收敛、止血、补血的功效，可用于咳血、吐血、崩漏下血、血痢、感冒发热等。

12. 委陵菜属 *Potentilla* L.

本属约有500种，大多分布于北半球温带、寒带及高山地区，极少数种类接近赤道。我国有88种；广西有7种；木论有1种。

蛇含委陵菜

Potentilla kleiniana Wight et Arn.

草本。花茎被疏柔毛或开展长柔毛。基生叶为近于鸟足状5小叶；叶柄被疏柔毛或开展长柔毛；小叶片倒卵形或长圆状倒卵形，边缘具多数急尖或圆钝锯齿，两面被疏柔毛，有时腹面脱落几无毛，或背面沿脉密被伏生长柔毛；下部茎生叶有5小叶；上部茎生叶有3小叶。聚伞花序密集枝顶；花梗密被开展长柔毛；花瓣黄色，倒卵形，长于萼片；花柱圆锥形，基部膨大。瘦果近圆形，表面具皱纹。花果期4~9月。

生于山坡草地或林缘；常见。 全草入药，具有清热、解毒、止咳、化痰的功效，捣烂外敷可治疮毒、痈肿及蛇虫咬伤等。

13. 臀果木属 *Pygeum* Gaertn.

本属约有40种，主产于热带地区，自非洲南部、亚洲南部和东南部地区至巴布亚新几内亚、所罗门群岛和大洋洲北部。我国约有6种；广西有2种；木论有1种。

臀果木

Pygeum topengii Merr.

乔木。小枝幼时被褐色柔毛，老时无毛。叶片卵状椭圆形或椭圆形，基部宽两边略不对称，边缘全缘，腹面无毛，背面被平铺褐色柔毛，老时仍有少许毛残留，近基部有2个黑色腺体，侧脉5~8对；叶柄被褐色柔毛。总状花序有花10多朵，单生或2个至数个簇生于叶腋；花序梗、花梗和花萼均密被褐色柔毛；花瓣长圆形，被褐色柔毛，稍长于萼片，或与萼片不易区分。果肾形，顶部常无突尖而凹陷，无毛。花期6~9月，果期冬季。

生于山坡疏林中或山谷；少见。 种子可供榨油；材质优良，可作家具器具等用材。

14. 桂樱属 *Laurocerasus* Duham.

本属约有80种，分布于亚热带和温带地区，自欧洲西南部和东南部地区至亚洲东部地区。我国约有13种；广西有10种；木论有4种。

分种检索表

1. 叶背无毛。
 2. 叶柄常无腺体。
  3. 子房无毛……………………………………………………………… **南方桂樱** *L. australis*
  3. 子房被柔毛……………………………………………………………… **尖叶桂樱** *L. undulata*
 2. 叶柄常具腺体……………………………………………………………… **大叶桂樱** *L. zippeliana*
1. 叶背被柔毛……………………………………………………………… **毛背桂樱** *L. hypotricha*

大叶桂樱

Laurocerasus zippeliana (Miq.) T. T. Yü et L. T. Lu

常绿乔木。小枝无毛。叶片边缘具稀疏或稍密的粗齿，齿端有黑色硬腺体，两面无毛，侧脉7~13对；叶柄有1对扁平的腺体。总状花序单生或2~4个簇生于叶腋，被短柔毛；花瓣近圆形，长约为萼片的2倍，白色。果长圆形或卵状长圆形，熟时黑褐色，无毛。花期7~10月，果期冬季。

生于山坡、山谷疏林或密林中；少见。 根入药，可用于鹤膝风、跌打损伤；叶入药，可用于咳嗽、喘息、子宫痉挛，水煎外洗用于全身瘙痒。

毛背桂樱

Laurocerasus hypotricha (Rehd.) Yü et Lu

常绿乔木。小枝具不明显小皮孔，被黄灰色柔毛。叶片革质，椭圆形或椭圆状长圆形，先端短渐尖，基部圆形或宽楔形，边缘具较密粗齿，齿端有暗褐色腺体，腹面无毛，背面密被灰白色柔毛，侧脉明显，10~12对；叶柄长6~10 mm，中部以上沿边缘具1对大型扁平腺体，被柔毛。总状花序常单生，有时2~3个簇生，长2~5 cm，被柔毛；雄蕊长于花瓣；子房外面被柔毛。果卵状长圆形，顶部急尖，熟时暗褐色，无毛。花期9~10月，果期11~12月。

生于山谷洼地；少见。 可作石山绿化或园林观赏物种。

15. 李属 *Prunus* L.

本属约有30种，主要分布于北半球温带地区。我国有7种；广西有1种；木论亦有。

李

Prunus salicina Lindl.

落叶乔木。小枝黄红色，无毛。叶片边缘具圆钝重齿，常为单齿，两面均无毛，有时背面沿主脉被稀疏柔毛或脉腋被髯毛，侧脉6~10对；托叶线形，边缘有腺体。花常3朵并生；花瓣白色，先端啮蚀状；雄蕊多数，花丝长短不等。核果黄色或红色，有时为绿色或紫色。花期4月，果期7~8月。

生于林缘；保护区有零星种植。　果实入药，具有清肝涤热、生津、利水的功效；根入药，具有清热解毒的功效；树脂入药，可用于目翳、定痛、消肿。

16. 杏属 *Armeniaca* Scop.

本属约有11种，分布于亚洲东部和西南部地区。我国有10种；广西有2种；木论有1种。

梅

Armeniaca mume Sieb.

小乔木，稀灌木。小枝光滑无毛。叶片卵形或椭圆形，先端尾尖，叶边常具小锐齿，幼嫩时两面被短柔毛，或仅背面脉腋间被短柔毛；叶柄常有腺体。花单生或有时2朵同生于一个芽内，先于叶开放；花萼通常红褐色，也有绿色或绿紫色；花瓣倒卵形，白色至粉红色；子房外面密被柔毛。果近球形，熟时黄色或绿白色，被柔毛，味酸；果肉与核粘贴；核椭圆形，顶部圆形而有小突尖头。花期冬春季，果期5~6月，在华北果期延至7~8月。

生于山谷密林；保护区有零星种植。　花可提取香精；花、叶、根和种仁均可入药，具有止咳、止泻、生津、止渴的功效。

17. 桃属 *Amygdalus* L.

本属约有40种，分布于亚洲中部、东部、西南部以及欧洲南部。我国有11种；广西有2种；木论有1种。

桃

Amygdalus persica L.

乔木。树皮暗红褐色，老时粗糙呈鳞片状。叶片长圆状披针形、椭圆状披针形或倒卵状披针形，腹面无毛，背面在脉腋间被少数短柔毛或无毛，边缘具细齿或粗锯齿，齿端具腺体或无腺体；叶柄常具一至数个腺体，有时无腺体。花单生，先于叶开放；花梗极短或几无梗；花瓣粉红色，稀白色；雄蕊20~30枚，花药绯红色。果卵形、宽椭圆形或扁圆形，外面密被短柔毛，稀无毛。花期3~4月，果期8~9月。

生于林缘或路旁；保护区有零星种植。 果实可食用，也可药用，具有破血、和血、益气的功效；桃树干上分泌的胶质，俗称“桃胶”，可用作黏接剂等。

含羞草科 Mimosaceae

本科约有56属2800种，分布于热带亚热带地区，少数分布于温带地区，以中南美洲为最多。我国连引入栽培的有17属约66种；广西有9属44种；木论有4属7种。

分属检索表

1. 花丝分离。
   2. 花丝多数，通常在50枚以上 ………………………………… 1. **金合欢属** *Acacia*
   2. 花丝10枚 ………………………………………………… 2. **海红豆属** *Adenanthera*
1. 花丝连合成管状。
   3. 荚果熟后不开裂……………………………………………… 3. **合欢属** *Albizia*
   3. 荚果熟后开裂；果瓣扭卷…………………………………… 4. **猴耳环属** *Archidendron*

1. 金合欢属 *Acacia* Mill.

本属约有1200种，分布于热带亚热带地区，尤以大洋洲和非洲的种类最多。我国连引入栽培的有18种；广西有13种；木论有2种，其中1种还有待进一步研究确定，在此暂不描述。

藤金合欢

Acacia sinuata (Lour.) Merr.

攀缘藤本。小枝、叶轴均被灰色短茸毛，具多数倒刺。二回羽状复叶，具羽片6~10对；叶柄近基部及叶轴最顶1~2对羽片之间各有1个腺体；小叶15~25对，线状长圆形，两面被粗毛或变无毛，具缘毛；中脉偏于上缘。头状花序球形，再排成圆锥花序，花序分枝被茸毛；花白色或淡黄色。荚果带形，长8~15 cm。花期4~6月，果期7~12月。

生于路旁疏林中；少见。　树皮含单宁，入药具有解热、散血的功效。

2. 海红豆属 *Adenanthera* L.

本属有12种，分布于亚洲热带地区和太平洋诸岛。我国有1种；广西木论亦有。

海红豆

Adenanthera pavonina L.

落叶乔木。嫩枝被微柔毛。二回羽状复叶，羽片3~5对；叶柄和叶轴无腺体；小叶4~7对，互生，两面均被微柔毛。总状花序单生于叶腋，或在枝顶排成圆锥花序，被短柔毛；花白色或黄色，具短梗；花萼与花梗同被金黄色柔毛。荚果盘旋，开裂后果瓣旋卷。花期4~7月，果期7~10月。

生于山坡、山谷疏林、林缘或路旁水边；少见。 种子鲜红色而光亮，甚为美丽，可作装饰品，入药可用于癣症、头面游风，外用可加速疮疖化脓；叶入药，可用于痛风、肠及尿道出血；木材可作船舶、建筑、箱板等用材。

3. 合欢属 *Albizia* Durazz.

本属约有150种，产于亚洲、非洲、大洋洲及美洲的热带亚热带地区。我国有17种；广西有11种；木论有2种，其中1种有待研究确定，在此暂不描述。

山槐

Albizia kalkora (Roxb.) Prain

乔木或灌木。枝条被短柔毛。二回羽状复叶具羽片2~4对；小叶5~14对，基部不等侧，两面均被短柔毛，中脉稍偏于上侧。头状花序腋生，或于枝顶排成圆锥花序；花初白色，后变黄；花冠中部以下连合呈管状。荚果带状，嫩荚外面密被短柔毛，老时无毛。花期5~6月，果期8~10月。

生于山坡、路旁疏林中；少见。 根、树皮、花入药，具有舒筋活络、活血、消肿止痛、解郁安神的功效；生长快，可作荒山造林先锋树种；花美丽，可植为风景树。

4. 猴耳环属 *Archidendron* F.Muell.

本属有94种，分布于热带亚热带地区，尤以美洲热带地区为多。我国有11种；广西有4种；木论有2种。

分种检索表

1. 小枝圆形，无棱角 ………………………………………… 多叶猴耳环 *A. multifoliolata*
1. 小枝具明显的棱角………………………………………………… 猴耳环 *A. lucidum*

多叶猴耳环

Archidendron multifoliolata (H. Q. Wen) T. L. Wu

灌木。小枝圆形，被黄褐色微柔毛。二回羽状复叶具羽片5~6对；第一回叶轴长12 cm，基部与先端各具1个长圆形、中间凹陷的腺体，叶轴与羽片轴均被微柔毛；小叶7~14对，斜方形，边缘全缘，先端具小尖头，两面被微柔毛，几无柄。荚果顶生，弯卷成环形或镰形；果皮红色，被柔毛。果期8月。

生于山坡、山顶疏林中；少见。　木论特有种，1995年正式发表。

猴耳环　围涎树

Archidendron clypearia (Jack) I.C.Nielsen

乔木。小枝无刺，有明显的棱角，密被黄褐色茸毛。二回羽状复叶；羽片3~8对，通常4~5对；总叶柄具4棱，密被黄褐色柔毛，叶轴上及叶柄近基部处具腺体；小叶革质，斜菱形，顶部的最大，往下渐小，两面稍被褐色短柔毛，基部极不等侧，近无柄。花具短梗，数朵聚成小头状花序，再排成顶生和腋生的圆锥花序；花冠白色或淡黄色。荚果旋卷，边缘在种子间溢缩。花期2~6月，果期4~8月。

生于疏林、密林或林缘灌丛中；少见。　枝叶入药，具有消肿祛湿的功效；果有毒。

云实科 Caesalpiniaceae

本科有153属约2800种，分布于热带亚热带地区，少数分布于温带地区。我国连引入栽培的有23属约113种；广西有13属69种；木论有8属14种1变种。

分属检索表

1. 叶为单叶或为2片小叶组成的复叶 …………………………………………… 1. **羊蹄甲属** *Bauhinia*
1. 叶为羽状复叶。
  2. 通常为二回偶数羽状复叶，稀兼有一回羽状复叶。
    3. 花杂性或单性异株；干和枝通常具分枝的粗刺 ……………………………… 2. **皂荚属** *Gleditsia*
    3. 花两性；干和枝无分枝的粗刺。
      4. 高大攀缘灌木或木质藤本；枝具直刺或钩刺。
        5. 荚果翅果状，先端具斜长圆形膜质的翅 ……………………… 3. **老虎刺属** *Pterolobium*
        5. 荚果无翅……………………………………………………………… 4. **云实属** *Caesalpinia*
      4. 高大乔木；枝无刺……………………………………………………… 5. **顶果木属** *Acrocarpus*
  2. 一回羽状复叶。
    6. 奇数羽状复叶……………………………………………………………………5. **翅荚木属** *Zenia*
    6. 偶数羽状复叶。
      7. 无小苞片；花瓣几乎相等………………………………………………… 7. **决明属** *Senna*
      7. 具小苞片；花瓣不相等……………………………………………… 8. **山扁豆属** *Chamaecrista*

1. 羊蹄甲属 *Bauhinia* L.

本属约有300种，分布于热带亚热带地区。我国有30种；广西有29种；木论有3种1变种，其中1种还有待进一步研究确定，在此暂不描述。

分种检索表

1. 小乔木；荚果大刀状…………………………………**刀果鞍叶羊蹄甲** *B. brachycarpa* var. *cavaleriei*
1. 藤本；荚果扁平或带状，非大刀状。
  2. 基出脉5~7条……………………………………………………………………… **龙须藤** *B. championii*
  2. 基出脉9~11条 …………………………………………………………… **粉叶羊蹄甲** *B. glauca*

刀果鞍叶羊蹄甲

Bauhinia brachycarpa Wall. ex Benth. var. *cavaleriei* (H. Lév.) T. C. Chen

小乔木。叶片通常长大于宽，基部截形或心形，先端2裂达叶长的1/4~1/3，裂片急尖，钝头，腹面无毛，背面仅在脉上被毛；基出脉11~15条。伞房式总状花序长2~6 cm，花密集，可达40多朵。荚果常密集着生于果序上，大刀状，顶部斜截平，一侧具短喙。花期4~7月，果期7~9月。

生于山谷平地、山坡疏林中、林缘或路旁；常见。　根、茎入药，具有清热润肺、敛阴安神、除湿、杀虫的功效，可用于胃痛、风湿骨痛、疝气；枝叶入药，可外用治烧烫伤；花入药，可用于头晕、目眩、耳鸣。

龙须藤

Bauhinia championii (Benth.) Benth.

有卷须藤本。嫩枝和花序薄被紧贴的小柔毛。叶片先端渐尖、圆钝、微凹或2裂，腹面无毛，背面被紧贴的短柔毛，渐变无毛；基出脉5~7条。总状花序腋生，有时与叶对生或数个聚生于枝顶而成复总状花序，被灰褐色小柔毛；花萼及花梗同被灰褐色短柔毛；花瓣白色，外面中部疏被丝毛；发育雄蕊3枚，花丝无毛；退化雄蕊2枚。荚果扁平，无毛。花期6~10月，果期7~12月。

生于山坡、路旁疏林中或林缘；常见。 茎入药，具有舒筋活络、祛风止痛、健脾胃的功效；叶可解酒毒。

2. 皂荚属 *Gleditsia* L.

本属约有16种，产于亚洲中部和东南部及南北美洲。我国有7种；广西有5种；木论有2种。

分种检索表

1. 小叶5~9对，长2.5~5 cm，宽1~2 cm ………………………………………… 小果皂荚 *G. australis*
1. 小叶2~4对，长3.3~11.5 cm，宽1.8~6 cm ……………………………………… 石山皂荚 *G. saxatilis*

小果皂荚

Gleditsia australis Hemsl.

小乔木至乔木。枝褐灰色，具粗刺；刺圆锥状，有分枝。叶为一回或二回羽状复叶（具羽片2~6对）；小叶5~9对，先端圆钝，常微缺，边缘具钝齿或近全缘。花杂性，浅绿色或绿白色；雄花数朵簇生或排成小聚伞花序；两性花；萼筒无毛；花瓣5~6片，外面被茸毛，内面密被长曲柔毛。荚果带状长圆形，压扁，干时棕黑色。花期6~10月，果期11月至翌年4月。

生于山坡、山谷疏林中或林缘；少见。　嫩茎枝入药，具有搜风拔毒、消肿排脓的功效，可用于肿痈、疮毒、疠风、癣疮、胎衣不下等；果实入药，具有开窍、通便、润肠、镇咳、驱蛔虫的功效；刺入药，具有去毒通关的功效。

石山皂荚

Gleditsia saxatilis Z. C. Lu, Y. S. Huang & Yan Liu

乔木。枝无毛，散布灰白色皮孔；枝刺圆柱形或圆锥形。羽状复叶具小叶2~4对；小叶两面无毛，网状细脉显著，基部圆形或楔形，边缘具齿。总状花序被短柔毛，顶生或腋生；花杂性，绿白色，两性花雄蕊6~8枚，在中部以下密被绵毛；子房无毛；柱头膨大，稍2裂。花期3~5月，果期5~10月。

生于石灰岩石山、山坡疏林中；罕见。 广西特有种，2021年正式命名发表，模式标本采于柳江区。

3. 老虎刺属 *Pterolobium* R. Br. ex Wight et Arn.

本属约有11种，分布于亚洲、非洲和大洋洲热带地区。我国有2种；广西仅1种；木论亦有。

老虎刺

Pterolobium punctatum Hemsl.

木质藤本或攀缘性灌木。小枝具棱，被短柔毛及浅黄色毛，老后脱落。叶柄亦有成对黑色托叶刺；羽片9~14对；羽轴上面具槽；小叶片19~30对，对生，两面被黄色毛；小叶柄具关节。总状花序被短柔毛，腋上生或于枝顶排列成圆锥状；雄蕊10枚，等长；子房扁平，一侧具纤毛。荚果长4~6 cm，菱形，翅一边直，另一边弯曲。花期6~8月，果期9月至翌年1月。

生于山坡疏林或灌丛中；少见。　根、叶入药，具有清热解毒、祛风除湿的功效；枝叶煎水外洗治皮肤痒疹、风疹、荨麻疹、疥疮。

4. 云实属 *Caesalpinia* L.

本属约有150种，分布于热带亚热带地区。我国有21种；广西有12种；木论有4种。

分种检索表

1. 荚果表面被刺……………………………………………………………………………………刺果苏木 *C. bonduc*
1. 荚果表面无刺。
  2. 小叶通常2对 ……………………………………………………………………………… 鸡嘴簕 *C. sinensis*
  2. 小叶通常4对以上。
    3. 小叶4~6对，革质，长4~15 cm，宽2.5~7cm，腹面无毛，有光泽，背面被短柔毛；荚果压扁状，近圆形……………………………………………………………大叶云实 *C. magnifoliolata*
    3. 小叶8~12对，膜质，长圆形，长10~25 mm，宽6~12 mm，两面均被短柔毛，老时渐无毛；荚果长圆舌状……………………………………………………………………… 云实 *C. decapetala*

云实

Caesalpinia decapetala (Roth) Alston

藤本。枝、叶轴和花序均被柔毛和钩刺。二回羽状复叶，羽片3~10对，对生；小叶8~12对，两面均被短柔毛，老渐无毛。总状花序顶生，直立，长15~30 cm；花序梗多刺；萼片5枚，被短柔毛；花瓣黄色，盛开时反卷；雄蕊与花瓣近等长，花丝下部被绵毛；子房无毛。荚果长6~12 cm，宽2.5~3 cm，无毛，沿腹缝线膨胀成狭翅，成熟时沿腹缝线开裂，顶部具尖喙。花果期4~10月。

生于山坡、山谷疏林中；少见。 根、茎及果实入药，具有发表散寒、活血通经、解毒杀虫的功效。

刺果苏木

Caesalpinia bonduc (L.) Roxb.

有刺藤本；植株各部均被黄色柔毛。叶长30~45 cm；叶轴有钩刺；羽片6~9对，对生；羽片柄基部有刺1枚；托叶叶状，常分裂，脱落；在小叶着生处常具1对托叶状小钩刺；小叶6~12对，两面均被黄色柔毛。总状花序腋生，具长梗；花瓣黄色，最上方一片有红色斑点，倒披针形，有柄；子房外面被毛。荚果革质，长圆形，顶端有喙，膨胀，外面具细长针刺。花期8~10月，果期10月至翌年3月。

生于山坡疏林中；少见。 叶入药，具有祛瘀止痛、清热解毒的功效。

鸡嘴簕

Caesalpinia sinensis (Hemsl.) J. E. Vidal

藤本。主干和小枝具分散、粗大的倒钩刺。二回羽状复叶，羽片2~3对；小叶2对，基部圆形，不等侧。圆锥花序腋生或顶生；萼片5枚；花瓣5片，黄色；雄蕊10枚，花丝下部被锈色柔毛。荚果压扁状，近圆形或半圆形，腹缝线稍弯曲，具狭翅。花期4~5月，果期7~8月。

生于山坡疏林中或林缘；少见。 根、茎、叶入药，具有清热解毒、消肿止痛、止痒的功效，可用于跌打损伤、疮疡肿毒、湿疹、腹泻、痢疾等。

大叶云实

Caesalpinia magnifoliolata F. P. Metcalf

有刺藤本。小枝被锈色短柔毛；二回羽状复叶具羽片2~3对；小叶4~6对，腹面无毛，背面被短柔毛；叶柄与小叶柄均被短柔毛。总状花序腋生，或圆锥花序顶生；花黄色；萼片和花瓣均5枚；雄蕊10枚，花丝下部被短柔毛；子房无毛，柱头平截形。荚果近圆形而扁，背缝线向两侧扩张成龙骨状的狭翅。花期4月，果期5~6月。

生于山坡疏林中；少见。　根、果枝入药，具有舒筋活络、补虚的功效。

5. 顶果木属 *Acrocarpus* Wight ex Arn.

本属约有2种，主要分布于亚洲南部和东南部。我国有1种；广西木论亦有。

顶果木

Acrocarpus fraxinifolius Wight ex Arn.

高大乔木。枝无刺。二回羽状复叶长30~40 cm，下部的叶具羽片3~8对，顶部的为一回羽状复叶；叶轴和羽轴被黄褐色微柔毛，后变秃净；小叶对生，全缘。总状花序腋生，长20~25 cm，具密集的花，总轴先端被柔毛；花大，猩红色，先直立后下垂；花梗被柔毛；花瓣5片，披针形，与花托、萼片均同被黄褐色微柔毛。荚果扁平，紫褐色，沿腹缝线具狭翅。

生于山坡疏林中；罕见。广西重点保护植物；生长迅速，木材坚实，为较好的速生树种。

6. 翅荚木属 *Zenia* Chun

单种属，我国特有；广西木论亦有。

任豆

Zenia insignis Chun

乔木。小枝黑褐色，散生黄白色的小皮孔。叶轴及叶柄多少被黄色微柔毛；小叶边缘全缘，腹面无毛，背面有灰白色的糙伏毛。圆锥花序顶生；花序梗和花梗被黄色或棕色糙伏毛；花红色；萼片略不等大，外面有糙伏毛，内面无毛；花瓣稍长于萼片；雄蕊的花丝被微柔毛；子房边缘具伏贴疏柔毛。荚果长圆形或椭圆状长圆形，熟时红棕色，翅阔5~6 mm。花期5月，果期6~8月。

生于山坡、山谷疏林或密林中，或林缘、路旁；少见。 优良的速生树种，宜作石山绿化植物；亦为良好的材用树种；叶可作绿肥或猪饲料。

7. 决明属 *Senna* Mill.

本属约有270种，主要分布于美洲。我国有 3 种；广西3种均产；木论有1种。

决明

Senna tora (L.) Roxb.

一年生半灌木状草本。叶长4~8 cm；叶轴上每对小叶间有棒状的腺体1个；小叶3对，先端圆钝而有小尖头，基部偏斜，腹面被稀疏柔毛，背面被柔毛。花腋生，通常2朵聚生；花瓣黄色，下方2片略长；发育雄蕊7枚，花丝短于花药。荚果近四棱形，长达15 cm，宽3~4 mm。种子约25粒，菱形，光亮。花果期8~11月。

生于路旁灌丛或草丛中或林缘；常见。　种子为中药“决明子”，具有清肝明目、利水通便的功效，可用于头痛眩晕、目赤肿痛、大便秘结。

8. 山扁豆属 *Chamaecrista* Moench

本属约有330种，分布于热带亚热带地区。我国有4种；广西有2种；木论有1种。

山扁豆　含羞草决明

Chamaecrista mimosoides (L.) Greene

半灌木状草本。枝条被微柔毛。叶柄的上端或最下一对小叶的下方具圆盘状腺体1个；小叶20~50对，线状镰形，两侧不对称；托叶线状锥形，有明显肋条。花序腋生，花序梗顶端有2枚小苞片；萼片先端急尖，外被疏柔毛；花瓣黄色，不等大，略长于萼片；雄蕊10枚，5长5短相间而生。荚果镰形，扁平，长2.5~5 cm，宽约4 mm。种子10~16粒。花果期通常8~10月。

生于路旁灌丛或草丛中；少见。　全草入药，具有清热解毒、消肿、利尿的功效；幼嫩茎叶可以代茶。

蝶形花科 Papilionaceae

本科有约425属12000种，遍布全球。我国连引进栽培的有128属1372种；广西有77属324种9亚种15变种；木论有28属41种4变种1亚种。

分属检索表

1. 花丝完全分离或仅基部合生。
  2. 小叶互生；荚果极扁平……………………………………………………1. **香槐属** *Cladrastis*
  2. 小叶对生。
    3. 荚果于种子间不紧缩而不呈念珠状；种皮为鲜红色或暗红色………… 2. **红豆树属** *Ormosia*
    3. 荚果于种子间紧缩而呈念珠状；种皮不为红色……………………………… 3. **槐属** *Sophora*
1. 花丝全部或大部分合生成管状。
  4. 荚果由1个或数个荚节组成。
    5. 小叶40片以上 ……………………………………………………… 27. **合萌属** *Aeschynomene*
    5. 小叶1~3片。
      6. 小叶3片；无小托叶。
        7. 灌木或草本；托叶细小，锥形，脱落；侧脉弯曲 ………………4. **胡枝子属** *Lespedeza*
        7. 一年生小草本；托叶大，膜质，宿存；侧脉平行 ………… 5. **鸡眼草属** *Kummerowia*
      6. 小叶3片或1片；常具小托叶。
        8. 荚节间有深缺口，荚节半倒卵状三角形 …………………6. **长柄山蚂蝗属** *Hylodesmum*
        8. 荚节间无深缺口，荚节不呈半倒卵状三角形。
          9. 总状花序在叶腋内紧缩成头状或近伞形；小叶侧脉每边10~17条，在腹面凹入，被丝质伏毛 …………………………………………………………… 7. **假木豆属** *Dendrolobium*
          9. 花序与上不同。
            10. 二体雄蕊。
              11. 羽状三出复叶………………………………………………………… 8. **大井属** *Ohwia*
              11. 叶片为单小叶……………………………………………………… 9. **葫芦茶属** *Tadehagi*
            10. 单体雄蕊。
              12. 苞片大，包藏着荚果，宿存 …………………………10. **排钱树属** *Phyllodium*
              12. 苞片小，不包藏花序和荚果……………………………11. **山蚂蝗属** *Desmodium*
  4. 荚果非由荚节组成。
    13. 叶为羽状复叶。
      14. 小乔木、直立灌木、半灌木或草本。
        15. 植物体各部通常被紧贴的“丁”字形毛 ……………………… 12. **木蓝属** *Indigofera*
        15. 植物体无毛或被毛，毛不为“丁”字形。
          16. 乔木或大灌木；小叶互生……………………………………… 13. **黄檀属** *Dalbergia*
          16. 草本；小叶对生………………………………………………… 14. **黄芪属** *Astragalus*
      14. 攀缘状灌木或缠绕植物。
        17. 荚果扁平而薄，不开裂，缝线有狭翅或无翅；无小托叶或早落。

18. 荚果硕大，卵形，缝线无翅 …………………………………… 15. 泰豆属 *Afgekia*
18. 荚果薄而硬，扁平，缝线具翅 ……………………………………16. 鱼藤属 *Derris*
17. 荚果扁平而稍厚或膨胀，开裂或不开裂，缝线无翅；常有小托叶。
19. 花序为总状花序。
20. 花丝全部合生成管状 ……………………………………… 17. 鸡血藤属 *Millettia*
20. 花丝9枚合生，1枚离生………………………………………… 28. 土圞儿属 *Apios*
19. 花序为圆锥花序；花丝9枚合生，1枚离生 ………… 18. 昆明鸡血藤属 *Callerya*
13. 叶为单叶或三出复叶。
21. 叶为单叶。
22. 花序有大型的叶状苞片所包藏 ……………………………… 19. 千斤拔属 *Flemingia*
22. 花序无大型的叶状苞片所包藏 ……………………………… 20. 猪屎豆属 *Crotalaria*
21. 叶为三出复叶。
23. 小叶背面有明显腺点 ……………………………………………21. 鹿藿属 *Rhynchosia*
23. 小叶背面无腺点。
24. 非缠绕草本。
25. 直立草本、半灌木或乔木。
26. 小枝具刺 ………………………………………………… 22. 刺桐属 *Erythrina*
26. 小枝无刺 ……………………………………………… 20. 猪屎豆属 *Crotalaria*
25. 木质藤本或攀缘状灌木 ………………………………… 23. 油麻藤属 *Mucuna*
24. 缠绕草本。
27. 总状花序轴有肿胀而隆起的节。
28. 雄蕊10枚合生为1组…………………………………………24. 葛属 *Pueraria*
28. 雄蕊10枚，2组 ………………………………………………… 25. 豇豆属 *Vigna*
27. 总状花序轴无肿胀而隆起的节 ………………………… 26. 山黑豆属 *Dumasia*

1. 香槐属 *Cladrastis* Raf.

本属有8种，分布于亚洲东南部和北美洲东部的亚热带和温带地区。我国有6种；广西有4种；木论有1种。

翅荚香槐

Cladrastis platycarpa (Maxim.) Makino

大乔木。一年生枝被褐色柔毛，后变秃净。奇数羽状复叶；小叶3~4对，互生或近对生；侧生小叶基部稍偏斜，腹面无毛，背面近中脉处被疏柔毛或无毛，侧脉6~8对。圆锥花序；花序轴和花梗被疏短柔毛；花冠白色；雄蕊10枚，离生；子房线形，被淡黄白色疏柔毛。荚果扁平，长椭圆形或长圆形，两侧具翅，不开裂。花期4~6月，果期7~10月。

生于山坡疏林或密林中；少见。　优良的石山绿化树种，亦可材用；叶可作马饲料；根入药，可用于黄疸、风湿骨痛。

2. 红豆树属 *Ormosia* Jacks.

本属约有100种，产于美洲热带地区、亚洲东部地区和澳大利亚。我国有35种；广西有25种；木论有3种。

分种检索表

1. 小叶8~11对；叶片两面被毛 ………………………………………………… 岩生红豆 *O. saxatilis*
1. 小叶不超过5对。
   2. 叶片两面无毛，侧脉5~7对；荚果有种子1~4粒………………………………海南红豆 *O. pinnata*
   2. 叶背及叶柄均密被黄褐色茸毛，侧脉6~11对；荚果有种子4~8粒 ………… 花榈木 *O. henryi*

花榈木

Ormosia henryi Hemsl. et E. H. Wilson

常绿乔木。小枝、叶轴、花序密被茸毛。奇数羽状复叶；小叶1~3对，革质，腹面光滑无毛，背面及叶柄均密被黄褐色茸毛，侧脉与中脉呈45° 角。圆锥花序顶生或总状花序腋生，密被淡褐色茸毛；花冠中央淡绿色，边缘绿色微带淡紫。荚果扁平，果瓣革质，无毛，内壁有横隔膜。花期7~8月，果期10~11月。

生于山坡疏林或林缘；少见。 国家二级重点保护植物；木材致密质重，纹理美丽，可作轴承及细木家具用材；亦可作为绿化或防火树种。

海南红豆

Ormosia pinnata (Lour.) Merr.

常绿乔木或灌木。树皮灰色或灰黑色；木质部有黏液。奇数羽状复叶；小叶3~4对，薄革质，披针形，先端钝或渐尖，两面均无毛，侧脉5~7对；小叶柄有凹槽。圆锥花序顶生；花萼钟状，外面被柔毛，萼齿阔三角形；花冠粉红色而带黄白色，各瓣均具柄，瓣片基部有角质耳状腺体2个；子房密被褐色短柔毛。荚果有种子1~4粒，果瓣厚木质，熟时橙红色，光滑无毛。花期7~8月，果期10月。

生于山谷、山坡疏林中；少见。国家二级重点保护植物；树冠浓绿美观，可用作行道树；亦可作一般家具、建筑用材。

3. 槐属 *Sophora* L.

本属约有70种，广泛分布于热带至温带地区。我国有21种；广西有10种；木论有1种1变种。

分种检索表

1. 幼枝、花序及叶轴被锈色茸毛 ………………………………………… **西南槐** *S. prazeri* var. *mairei*
1. 幼枝、花序及叶轴被灰色柔毛或短柔毛，非锈色茸毛 …………………… **越南槐** *S. tonkinensis*

越南槐

Sophora tonkinensis Gagnep.

灌木。枝绿色，无毛，小枝被灰色柔毛或短柔毛。羽状复叶；小叶5~9对，对生或近互生；顶生小叶大，腹面无毛或散生短柔毛，背面被紧贴的灰褐色柔毛。总状花序或基部分枝近圆锥状；花序梗和花序轴被短而紧贴的丝质柔毛；花冠黄色；雄蕊10枚，基部稍连合；子房被丝质柔毛，花柱无毛，柱头被画笔状绢质疏长毛。荚果串珠状，长3~5 cm，外面疏被短柔毛，沿缝线开裂成2瓣。花期5~7月，果期8~12月。

生于山顶疏林中；罕见。 国家二级重点保护植物；根含有苦参碱类生物碱，入药具有清热解毒、消肿、止痛、利咽的功效。

4. 胡枝子属 *Lespedeza* Michx.

本属约有60种，产于亚洲东部地区至澳大利亚东北部及北美洲。我国有28种；广西有11种；木论有1种。

截叶铁扫帚

Lespedeza cuneata (Dum. Cours.) G. Don

小灌木。茎被毛。小叶楔形或线状楔形，先端截形或近截形，具小刺尖，腹面近无毛，背面密被伏毛。总状花序腋生，具2~4朵花；小苞片背面被白色伏毛，边缘具毛；花萼外面密被伏毛，5深裂；花冠淡黄色或白色。荚果宽卵形或近球形，被伏毛。花期7~8月，果期9~10月。

生于山坡疏林或路旁灌丛中；少见。　全草或根入药，具有清热解毒、祛痰止咳、利湿消积、补肝肾、益肺阴的功效。

5. 鸡眼草属 *Kummerowia*（A. K.）Schindl.

本属有2种，分布于亚洲东部和北美洲。我国有2种；广西2种均产；木论有1种。

鸡眼草

Kummerowia striata (Thunb.) Schindl.

一年生草本。茎枝被倒生的白色细毛。叶为羽状三出复叶；托叶大，比叶柄长，被缘毛；小叶边缘全缘，两面沿中脉及边缘被白色粗毛，但腹面毛较稀少，侧脉多而密。花单生或2~3朵簇生于叶腋；花梗下部具2枚大小不等的苞片；花萼钟状，带紫色，5裂，裂片外面及边缘具白毛；花冠粉红色或紫色。荚果稍侧扁，外面被小柔毛。花期7~9月，果期8~10月。

生于路旁草地；常见。　全草入药，具有清热解毒、健脾利湿、活血、利尿、止泻的功效，可用于跌打损伤、疔疮疖肿。

6. 长柄山蚂蝗属 *Hylodesmum* H. Ohashi et R. R. Mill.

本属有14种，主要分布于亚洲东部，少数分布于北美洲。我国有 10 种；广西有5种4亚种；木论有1种1亚种。

分种检索表

1. 顶生小叶卵形至卵状披针形；荚果扁平，长3~4.5 cm，有荚节2~3…… **细柄山绿豆** *H. leptopus*
1. 顶生小叶菱形；荚果长约1.6 cm，有荚节2 … **尖叶长柄山蚂蝗** *H. podocarpum* subsp. *oxyphyllum*

尖叶长柄山蚂蝗

Hylodesmum podocarpum (DC.) H. Ohashi et R. R. Mill subsp. *oxyphyllum* (DC.) H. Ohashi et R. R. Mill.

直立草本。茎具纵条纹，疏被伸展短柔毛。羽状三出复叶；托叶钻形，腹面与边缘被毛；顶生小叶菱形，基部楔形；侧生小叶斜卵形，较小，基部偏斜。总状花序或圆锥花序，顶生或腋生，长20~30 cm，结果时延长至40 cm；花序梗被柔毛和钩状毛；花冠紫红色。荚果长约1.6 cm，通常有荚节2个；荚节略呈宽半倒卵形，外面被钩状毛和小直毛，稍有网纹。花果期8~9月。

生于林缘、路旁灌草丛中；少见。　根或全草入药，具有祛风活络、解毒消肿的功效，可用于小儿疳积、办溃疡、风湿关节痛、毒蛇咬伤、跌打损伤等。

7. 假木豆属 *Dendrolobium*（Wight et Arn.）Benth.

本属有8种，分布于亚洲热带地区。我国有5种；广西仅有1种；木论亦有。

假木豆

Dendrolobium triangulare (Retz.) Schindl.

灌木。嫩枝密被灰白色丝状毛，老枝变无毛。羽状三出复叶；托叶披针形，外面密被灰白色丝状毛；叶柄被开展或贴伏丝状毛；顶生小叶长7~15 cm，侧生小叶略小，腹面无毛，背面被长丝状毛，侧脉每边10~17条。伞形花序，有花20~30朵；花梗不等长，密被贴伏丝状毛；花萼被贴伏丝状毛；花冠白色或淡黄色；子房外面被毛。荚果长2~2.5 cm，稍弯曲，有荚节3~6个，外面被贴伏丝状毛。花期8~10月，果期10~12月。

生于山坡、山谷疏林中或林缘；少见。　根入药，具有强筋骨的功效。

8. 大井属 *Ohwia* H. Ohashi

本属有2种，生于亚洲东部和东南部。我国2种均产；广西有1种；木论亦产。

小槐花

Ohwia caudata (Thunb.)H. Ohashi

灌木或半灌木。茎上部分枝略被柔毛。羽状三出复叶；托叶披针状线形；叶柄腹面具深沟，多少被柔毛，两侧具极窄的翅；顶生小叶披针形或长圆形；侧生小叶基部楔形，边缘全缘。总状花序，顶生或腋生，花序轴密被柔毛并混生小钩状毛，每节生2朵花；花梗密被贴伏柔毛；花冠绿白色或黄白色；雄蕊二体；子房外面缝线上密被贴伏柔毛。荚果线形，扁平，长5~7 cm，外面被伸展的钩状毛，有荚节4~8个。花期7~9月，果期9~11月。

生于山坡疏林；少见。　全草入药，有祛风利湿、清热解毒、利尿、消炎、散瘀、止血止痛、消积的功效，可用于吐泻、泄泻、小儿疳积、消化不良、跌打损伤、毒蛇咬伤等。

9. 葫芦茶属 *Tadehagi* H. Ohashi

本属约有6种，分布于亚洲热带、太平洋群岛和澳大利亚北部。我国有2种；广西2种均产；木论有1种。

葫芦茶

Tadehagi triquetrum (L.) H. Ohashi

灌木或半灌木。幼枝三棱形，棱上被疏短硬毛，老渐变无毛。叶仅具单小叶；叶柄两侧有宽翅；小叶腹面无毛，背面中脉或侧脉疏被短柔毛，侧脉每边8~14条，不达边缘。总状花序长15~30 cm，被贴伏丝状毛和小钩状毛；花2~3朵簇生于每节上；花冠淡紫色或蓝紫色，伸出花萼外；雄蕊二体；子房被毛，花柱无毛。荚果外面密被黄色或白色糙伏毛，有荚节5~8个。花期6~10月，果期10~12月。

生于路旁草地或山坡疏林中；少见。　可作凉茶，具有清热解毒、健脾消食和利尿的功效；亦可作绿肥。

10. 排钱树属 *Phyllodium* Desv.

本属有8种，分布于亚洲热带地区及大洋洲。我国有4种；广西均产；木论有1种。

排钱树

Phyllodium pulchellum (L.) Desv.

灌木。小枝被白色或灰色短柔毛。叶柄密被灰黄色柔毛；顶生小叶长6~10 cm，宽2.5~4.5 cm，侧生小叶约比顶生小叶小一半，基部偏斜，腹面近无毛，背面疏被短柔毛，侧脉每边6~10条；小叶柄密被黄色柔毛。伞形花序有花5~6朵，藏于叶状苞片内，叶状苞片排成总状圆锥花序状；叶状苞片两面略被短柔毛及缘毛，具羽状脉；花冠白色或淡黄色；雌蕊的花柱近基部处有柔毛。荚果腹、背两缝线均稍缢缩，通常有荚节2个。花期7~9月，果期10~11月。

生于灌丛中；少见。 根、叶入药，具有解表清热、活血散瘀的功效。

11. 山蚂蝗属 *Desmodium* Desv.

本属约有280种，多分布于热带亚热带地区。我国有32种；广西有17种；木论有3种1变种。

分种检索表

1. 叶具单小叶……………………………………………………………………单叶拿身草 *D. zonatum*
1. 叶为三出复叶。
   2. 顶生小叶菱形，先端急尖 ………………………………………………长波叶山蚂蝗 *D. sequax*
   2. 顶生小叶与上述不同。
      3. 茎多少被糙伏毛，后变无毛；荚果狭长圆形，长1.2~2 cm ……………………………………………………………………**糙毛假地豆** *D. heterocarpon* var. *strigosum*
      3. 茎被贴伏毛和小钩状毛；荚果线形，长2~6 cm ………………… **大叶拿身草** *D. laxiflorum*

单叶拿身草 长叶山绿豆

Desmodium zonatum Miq.

直立小灌木。茎幼时被黄色开展的小钩状毛和散生贴伏毛，后变无毛。叶具单小叶；叶柄长1~2.5 cm，被开展的小钩状毛和散生贴伏毛；小叶腹面无毛或沿脉散生小钩状毛，背面密被黄褐色柔毛，边缘全缘，侧脉每边7~10条。总状花序长10~25 cm；花序梗密被开展小钩状毛和疏生直长毛；花冠白色或粉红色；雄蕊二体；子房线形，被小柔毛，花柱无毛。荚果线形，有荚节6~8个；荚节扁平，密被黄色小钩状毛。花期7~8月，果期8~9月。

生于山坡、山谷疏林或密林中；少见。 根入药，具有清热消滞的功效，可用于小儿疳积、胃脘痛。

长波叶山蚂蝗

Desmodium sequax Wall.

直立灌木。茎多分枝。幼枝和叶柄被锈色柔毛，有时混有小钩状毛。羽状三出复叶；小叶卵状椭圆形或圆菱形；顶生小叶长4~10 cm，宽4~6 cm；侧生小叶略小，边缘自中部以上呈波状，腹面密被贴伏小柔毛或渐无毛，背面被贴伏柔毛并混有小钩状毛，侧脉通常每边4~7条。总状花序顶生和腋生；花通常2朵生于节上；花冠紫色。荚果腹背缝线缢缩而呈念珠状，有荚节6~10个；荚节近方形，密被开展褐色小钩状毛。花期7~9月，果期9~11月。

生于山地草坡或林缘路旁；常见。 根入药，具有润肺止咳、平喘、补虚、驱虫的功效；全草入药，具有健脾补气的功效。

12. 木蓝属 *Indigofera* L.

本属约有750种，主要分布于热带亚热带地区。我国有79种；广西有19种；木论有1种。

河北木蓝　马棘

Indigofera bungeana Walp.

小灌木。幼枝明显有棱，被“丁”字形毛。羽状复叶；小叶(2)3~5对，对生，先端圆或微凹，有小尖头，两面被白色“丁”字形毛，有时腹面毛脱落。总状花序，花开后较复叶为长；花序梗短于叶柄；花萼外面有白色和棕色平贴“丁”字形毛；花冠淡红色或紫红色；花药圆球形，子房被毛。荚果线状圆柱形，幼时外面密被短“丁”字形毛；果梗下弯。种子椭圆形。花期5~8月，果期9~10月。

生于山坡疏林、密林中或水旁；少见。　全株入药，具有清热解毒、活血化瘀的功效，可用于感冒咳嗽、扁桃腺炎、小儿疳积、痔疮等，外敷治疮毒及蛇咬伤；叶作蓝色染料，亦作马饲料。

13. 黄檀属 *Dalbergia* L. f.

本属约有100种，分布于亚洲、非洲和美洲的热带亚热带地区。我国有28种；广西有20种；木论有5种。

分种检索表

1. 木质藤本。
   2. 羽状复叶长5~8 cm；小叶3~6对 ………………………… 藤黄檀 *D. hancei*
   2. 羽状复叶长12~17 cm；小叶2~3对 ………………………… 两粤黄檀 *D. benthamii*
1. 攀缘状大灌木或小乔木
   3. 小叶2~5对。
      4. 攀缘状大灌木或小乔木；小枝被柔毛………………………… 多裂黄檀 *D. rimosa*
      4. 乔木；小枝无毛………………………… 黄檀 *D. hupeana*
   3. 小叶6~10对 ………………………… 南岭黄檀 *D. balansae*

藤黄檀　藤檀

Dalbergia hancei Benth.

藤本。幼枝略被柔毛；小枝有时变钩状或旋扭状。羽状复叶长5~8 cm；小叶3~6对，嫩时两面被伏贴疏柔毛，成长时腹面无毛。总状花序远比复叶短，数个总状花序常再集成腋生短圆锥花序；花梗、花萼和小苞片被褐色短茸毛；花冠绿白色，各瓣均具长柄；雄蕊9枚，有时10枚，其中1枚对着旗瓣。荚果扁平，无毛，通常有1粒种子，稀2~4粒。花期4~5月。

生于山坡灌丛中或林缘；少见。　茎皮含单宁；纤维供编织；根、茎入药，具有舒筋活络、理气止痛、破积的功效。

两粤黄檀

Dalbergia benthamii Prain

藤本，有时为灌木。羽状复叶长12~17 cm；小叶2~3对，先端钝，微缺，基部楔形，腹面无毛，背面干时粉白色，略被伏贴微柔毛。圆锥花序腋生，长约4 cm；花序梗与花梗同被锈色茸毛；花冠白色；雄蕊9枚，单体；子房无毛，具长柄。荚果舌状长圆形；种子肾形，扁平。花期2~4月。

生于山坡疏林中；少见。　茎入药，具有活血通经的功效。

14. 黄芪属 *Astragalus* Merr.

本属约有3000种，主要分布于北半球及南美洲、非洲，稀见于北美洲和大洋洲。我国有401种；广西有1种；木论亦有。

紫云英　红花草籽

Astragalus sinicus L.

二年生匍匐草本。奇数羽状复叶具7~13片小叶；小叶倒卵形或椭圆形，腹面近无毛，背面散生白色柔毛。总状花序具5~10朵花，呈伞形；花萼钟状，外面被白色柔毛，萼齿长约为萼筒的1/2；花紫红色或橙黄色，旗瓣倒卵形，先端微凹，翼瓣较旗瓣短，龙骨瓣与旗瓣近等长；子房无毛或疏被白色短柔毛。荚果线状长圆形，具短喙，黑色，具隆起的网纹。花期2~6月，果期3~7月。

生于路旁草地；少见。　全草、种子入药，具有清热解毒、利尿消肿的功效；为重要的绿肥作物和牲畜饲料，嫩梢亦可作蔬菜。

15. 泰豆属 *Afgekia* Craib

本属有3种，分布于缅甸、泰国和中国西南部地区。我国有1种1变种；广西均产；木论有1种。

猪腰豆

Afgekia filipes (Dunn) R. Geesink

大型攀缘状灌木。幼茎密被银灰色平伏绢毛或红色直立髯毛，折断时有红色液汁。羽状复叶长25~35 cm；小叶(6) 8~9对，近对生，两侧不等大，边缘全缘。总状花序，密被银灰色茸毛；花冠堇青色至淡红色；子房被柔毛。荚果纺锤状长圆形，密被银灰色茸毛，表面具明显斜向脊棱，果宿存于枝上。种子猪肾状。花期7~8月，果期9~11月。

生于山坡疏林中或林缘；少见。 果实入药，具有滋养补肾的功效，可用于肾炎；茎入药，具有补血的功效。

16. 鱼藤属 *Derris* Lour.

本属有50种，主要分布于亚洲热带亚热带地区，南美洲、大洋洲和非洲也有分布。我国有16种；广西有15种；木论有1种1变种。

中南鱼藤

Derris fordii Oliv.

攀缘状灌木。羽状复叶；小叶2~3对，两面无毛，侧脉6~7对。圆锥花序腋生，稍短于复叶；花序轴和花梗有极稀少的黄褐色短硬毛；花萼钟状；花冠白色；雄蕊单体。荚果长4~10 cm，宽1.5~2.3 cm，扁平，无毛，腹缝翅宽2~3 mm，背缝翅宽不及1 mm。花期4~5月，果期10~11月。

生于山坡疏林中；少见。 根、藤茎、枝叶入药，具有清热解毒、散瘀止痛、杀虫的功效；果实入药，具有滋阴、凉血、补血、安神的功效，可用于头晕。

亮叶中南鱼藤

Derris fordii Oliv. var. *lucida* F. C. How

与原变种的不同在于小叶较小，长3~8 cm，宽1.5~3 cm，腹面较光亮，细脉不甚明显；花序和花序梗均密被棕褐色柔毛；荚果背缝的翅较明显，宽1~1.5 mm。花期3~4月，果期6~8月。

生于山坡疏林中；少见。

17. 鸡血藤属 *Millettia* Wight et Arn.

本属约有100种，分布于非洲、亚洲和大洋洲的热带亚热带地区。我国有18种；广西有10种；木论有2种，其中1种有待研究确定，在此暂不描述。

厚果崖豆藤 冲天子 厚果鸡血藤

Millettia pachycarpa Benth.

大藤本，幼年时直立如小乔木状。嫩枝密被黄色茸毛，后渐秃净。羽状复叶长30~50 cm；小叶6~8对，背面被平伏绢毛，中脉在背面隆起，密被褐色茸毛，侧脉12~15对；小叶柄密被毛。总状圆锥花序，密被褐色茸毛；花冠淡紫色，旗瓣无毛或先端边缘具睫毛；雄蕊单体，对正旗瓣的1枚基部分离；子房线形，外面密被茸毛。荚果肿胀，秃净，密布浅黄色疣状斑点；果瓣木质。花期4~6月，果期6~11月。

生于路旁、山坡疏林中或石缝；常见。 种子和根含鱼藤酮，磨粉可作杀虫药，能防治多种粮棉害虫；根、叶入药，具有散瘀消肿的功效；果实入药，具有解毒、止痛的功效。

18. 昆明鸡血藤属 *Callerya* Endl.

本属约有30种，分布于亚洲东部和东南部。我国有18种；广西有11种4变种；木论有3种。

分种检索表

1. 花萼、荚果和旗瓣密被锈色绢毛。
   2. 荚果较小而扁平，线状长圆形；小叶背面无毛或被稀疏柔毛 ………… 亮叶崖豆藤 *C. nitida*
   2. 荚果大而膨胀，具网纹；小叶背面密被柔毛 ……………………………… 灰毛崖豆藤 *C. cinerea*
1. 花萼、荚果和旗瓣均无毛 ……………………………………………………… 网络崖豆藤 *C. reticulata*

亮叶崖豆藤　亮叶鸡血藤

Callerya nitida (Benth.) R. Geesink

攀缘灌木。茎无毛。羽状复叶；小叶片2对，硬纸质，卵状披针形或长圆形，腹面光亮无毛，背面无毛或被稀疏柔毛，侧脉5~6对；小叶柄长约3 mm。圆锥花序顶生，粗壮，密被锈锈色绒毛；花单生；花冠青紫色，旗瓣密被绢毛；雄蕊二体，对旗瓣的1枚离生。荚果线状长圆形，密被黄褐色绒毛，顶端具尖喙。花期5~9月，果期7~11月。

生于山坡灌丛或疏林中，少见。有活血补血、通经活络、清热解毒、止痢的功效。

19. 千斤拔属 *Flemingia* Roxb. ex W. T. Aiton

本属约有35种，分布于亚洲热带地区及非洲和大洋洲。我国有18种；广西有6种；木论有1种。

大叶千斤拔

Flemingia macrophylla (Willd.) Kuntze ex Prain

直立灌木。幼枝密被紧贴丝质柔毛。叶具指状3小叶；顶生小叶长8~15 cm，宽4~7 cm；基出脉3条，两面除沿脉上被紧贴的柔毛外，通常无毛，背面被黑褐色小腺点；侧生小叶基部一侧圆形，另一侧楔形，基出脉2~3条。总状花序长3~8 cm；花萼钟状，被丝质短柔毛；花冠紫红色，稍长于萼；雄蕊二体；子房外面被丝质毛。荚果椭圆形，外面略被短柔毛，顶部具小尖喙。花期6~9月，果期10~12月。

生于路旁疏林或山坡密林中；少见。　根入药，具有祛风活血、强腰壮骨、清热解毒、健脾补虚、散瘀消肿的功效。

20. 猪屎豆属 *Crotalaria* L.

本属约有600种，分布于美洲、非洲、大洋洲及亚洲热带亚热带地区。我国有43种；广西有20种；木论有1种。

响铃豆

Crotalaria albida B. Heyne ex Roth

多年生直立草本。植株或上部分枝被紧贴的短柔毛。单叶；叶片先端具细小的短尖头，腹面近无毛，背面略被短柔毛。总状花序顶生或腋生，有花20~30朵；小苞片与苞片同形；花萼二唇形，深裂，上方2枚萼齿宽大，下面3枚萼齿披针形；花冠淡黄色；子房无柄。荚果短圆柱形，无毛，稍伸出花萼之外。花果期5~12月。

生于山谷、山坡疏林中或林缘；少见。　全草入药，具有清热解毒、消肿止痛、止咳平喘、截疟的功效，可用于跌打损伤、关节肿痛等。

21. 鹿藿属 *Rhynchosia* Lour.

本属约有200种，分布于热带亚热带地区，但以亚洲和非洲最多。我国有13种；广西有4种；木论有2种。

分种检索表

1. 顶生小叶先端钝，稀为短急尖；总状花序长1.5~4 cm …………………………… **鹿藿** *R. volubilis*
1. 顶生小叶先端长尾状渐尖；花序常为复总状花序，长可达27 cm ………… **中华鹿藿** *R. chinensis*

鹿藿　老鼠眼

Rhynchosia volubilis Lour.

缠绕草质藤本。全株各部多少被灰色至淡黄色柔毛。三出复叶；顶生小叶菱形或倒卵状菱形，先端常有小突尖，两面均被灰色或淡黄色柔毛，并被黄褐色腺点，基出脉3条，侧生小叶常偏斜。总状花序；花萼钟状，裂片外面被短柔毛及腺点；花冠黄色；雄蕊二体；子房被毛及密集的小腺点。荚果长圆形，红紫色，稍被毛或近无毛，顶部有小喙。花期5~8月，果期9~12月。

生于山坡、山谷灌丛或路旁疏林；少见。　根入药，具有祛风和血、镇咳祛痰的功效；种子入药，具有镇咳、祛痰、祛风、解毒的功效。

中华鹿藿

Rhynchosia chinensis H. T. Chang ex Y. T. Wei et S. Lee

缠绕或攀缘状草本。茎密被灰色短柔毛或有时混生疏长柔毛。三出复叶；叶柄密被短柔毛；小叶薄革质；顶生小叶披针形至卵状披针形，背面具黄褐色腺点，侧生小叶较小，斜卵形；小叶柄均密被短柔毛。复总状花序，腋生；花序梗与花序轴均被灰褐色短柔毛；花冠黄色，各瓣近等长，明显具瓣柄，无毛。荚果长圆形，扁平，红紫色。花果期夏秋季。

生于山坡路旁灌草丛中；少见。

22. 刺桐属 *Erythrina* L.

本属有100多种，分布于全球热带亚热带地区。我国有4种；广西有3种；木论有1种。

刺桐 龙牙花

Erythrina variegata L.

大乔木。枝有黑色直刺。羽状三出复叶，常密集枝端；小叶具基出脉3条，侧脉5对。总状花序顶生，长10~16 cm；花梗长约1 cm，被短茸毛；花萼佛焰苞状，口部偏斜，一侧开裂；花冠红色；雄蕊10枚，单体；子房外面被微柔毛。花期3月，果期8月。

生于山谷、山坡疏林中；少见。 花色艳丽，开放时鲜红夺目，为优良的石山、庭园、行道绿化树种；根皮、茎皮入药，具有祛风湿、通筋络、解热、杀虫、麻醉、镇痛的功效。

23. 油麻藤属 *Mucuna* Adans.

本属约有100种，广泛分布于全球。我国有18种；广西有11种；木论有2种。

分种检索表

1. 小叶两面通常无毛；花冠白色或带绿白色……………………………**白花油麻藤** *M. birdwoodiana*
1. 小叶幼时两面被褐色柔毛，成长叶被毛；花冠紫色………………**大果油麻藤** *M. macrocarpa*

大果油麻藤　黑血藤

Mucuna macrocarpa Wall.

大型木质藤本。茎被伏贴灰白色或红褐色细毛，老茎常光秃无毛。羽状三出复叶；顶生小叶先端急尖或圆，具短尖头；侧生小叶极偏斜，腹面无毛或被灰白色或带红色伏贴短毛。花序通常生在老茎上；花序轴每节有2~3朵花，常有恶臭；花冠暗紫色，但旗瓣带绿白色。果熟时木质，带形，长26~45 cm，外面密被直立红褐色细短毛。花期4~5月，果期6~7月。

生于山谷或山坡密林；少见。　藤茎入药，具有舒筋活络、壮骨、补血、活血调经、清肺热、止咳的功效，可用于风湿骨痛、月经不调等。

24. 葛属 *Pueraria* DC.

本属有18种，分布于印度至日本，南至马来西亚。我国有10种；广西有4种；木论有1变种。

葛 葛藤

Pueraria montana (Lour.) Merr. var. *lobata* (Willd.) Maesen et S. M. Almeida ex Sanjappa et Predeep

粗壮藤本。全体被黄色长硬毛。羽状三出复叶；小托叶线状披针形，与小叶柄等长或较长；小叶3裂，偶尔边缘全缘，侧生小叶斜卵形，腹面被淡黄色、平伏的疏柔毛，背面被毛较密；小叶柄被黄褐色茸毛。总状花序；花2~3朵聚生于花序轴的节上；花萼裂片比萼筒略长；花冠紫色；对正旗瓣的1枚雄蕊仅上部离生；子房线形，外面被毛。荚果扁平，外面被褐色长硬毛。花期9~10月，果期11~12月。

生于山坡疏林中、林缘或路旁；常见。 块根可制葛粉；根入药，具有解表退热、生津止渴、止泻的功效。

25. 豇豆属 *Vigna* Savi

本属约有100种，分布于热带地区。我国有14种；广西有7种；木论有2种。

分种检索表

1. 托叶盾状着生，箭形 ………………………………………………… 赤豆 *V. angularis*
1. 托叶基着，基部心形或耳状 …………………………………… 云南野豇豆 *V. vexillata*

赤豆　红豆

Vigna angularis (Willd.) Ohwi et H. Ohashi

一年生、直立或缠绕草本。植株被疏长毛。羽状三出复叶；托叶盾状着生，箭形；侧生小叶基部偏斜，边缘全缘或浅三裂，两面均稍被疏长毛。花黄色，约5~6朵生于短的总花梗顶端；子房线形，花柱弯曲，近顶端被毛。荚果圆柱状，无毛。种子通常暗红色或其他颜色，两端截平或近浑圆。花期4~5月，果期9~10月。

生于山坡疏林中；少见栽培。　种子入药，可用于水肿脚气、泻痢、痈肿等，并为缓和的清热解毒药及利尿药；种子亦可供食用。

云南野豇豆 云南山土瓜

Vigna vexillata (L.) A. Rich.

多年生攀缘或蔓生草本。茎被开展的棕色刚毛，老渐变无毛。羽状三出复叶；小叶边缘通常全缘，少数微3裂，两面被棕色或灰色柔毛。花序近伞形，腋生；花萼外面被棕色或白色刚毛，稀变无毛；旗瓣黄色、粉红色或紫色，有时在基部内面具黄色或紫红色斑点，翼瓣紫色，龙骨瓣白色或淡紫色。荚果直立，外面被刚毛。种子浅黄色至黑色。花期7~9月，果期10~12月。

生于山坡疏林中；少见。 根或全株入药，具有清热解毒、消肿止痛、利咽喉的功效，可用于风火牙痛、咽喉肿痛、跌打肿痛、关节疼痛、小儿荨麻疹等。

26. 山黑豆属 *Dumasia* DC.

本属约有10种，主要分布于非洲南部和亚洲。我国有9种；广西有4种；木论有1种。

柔毛山黑豆　毛小鸡藤

Dumasia villosa DC.

缠绕状草质藤本。全株各部被黄色或黄褐色柔毛。三出复叶；叶柄密被毛；顶生小叶先端具小突尖，两面密被伏柔毛。总状花序腋生，长4~11（15）cm；花序轴、花序梗均被淡黄色柔毛；花冠黄色。荚果长椭圆形，长2~3 cm，外面密被黄色柔毛。花期9~10月，果期11~12月。

生于山坡灌丛、疏林或密林中；少见。　果实入药，具有清热解毒、通经消食的功效；种子油可供工业用。

27. 合萌属 *Aeschynomene* L.

本属约有250种，分布于热带亚热带地区。我国有1种；木论亦有。

合萌 镰刀草 田皂角

Aeschynomene indica L.

一年生草本或半灌木状。茎多分枝，圆柱形，无毛。叶具20~30对小叶或更多；托叶长约1 cm，基部下延成耳状；小叶近无柄，腹面密布腺点，背面稍带白粉，先端钝圆或微凹，具细刺尖头，基部歪斜，边缘全缘。总状花序比叶短，腋生；花冠淡黄色，具紫色的纵脉纹。荚果线状长圆形，长3~4 cm。花期7~8月，果期8~10月。

生于林缘或路旁荒地；少见。 优良的绿肥植物；全草入药，具有利尿解毒的功效；种子有毒，不可食用。

28. 土圞儿属 *Apios* Fabr.

本属约有10种，分布于亚洲东部、中南半岛及印度至北美洲。我国约有6种；广西有3种；木论有1种，但有待研究确定，在此暂不描述。

中文名索引

F

G

H

J

K

L

M

Z

拉丁名索引

A

B

C

D

E

F

G

H

I

K

L

M

N

O

P

R

S

T

U

V

W

X

Z